DAS
WOLHYNISCHE FIEBER

VON

PRIVATDOZENT DR. MED. **PAUL JUNGMANN**
ASSISTENT DER I. MED. KLINIK DER CHARITÉ, BERLIN

MIT 47 ABBILDUNGEN

Springer-Verlag Berlin Heidelberg GmbH
1919

Copyright 1919 by Springer-Verlag Berlin Heidelberg
Ursprünglich erschienen bei Julius Springer in Berlin 1919

ISBN 978-3-642-47202-2   ISBN 978-3-642-47546-7 (eBook)
DOI 10.1007/978-3-642-47546-7

MEINEM KLINISCHEN LEHRER

HERRN **GEHEIMRAT HIS**

IN DANKBARER ERGEBENHEIT GEWIDMET.

Inhaltsverzeichnis.

Seite

A. Einleitung. 1
   Bezeichnung der Krankheit 2
   Geschichte und Verbreitung 3

B. Klinik des wolhynischen Fiebers 6
   Allgemeine Symptomatologie 8
   Spezielle Symptomatologie einschließlich der spezifischen Kompli-
   kationen . . . . . . : 12
      Fieberverlauf 12
      Mund, Rachen und Atmungsorgane 26
      Zirkulationsorgane 27
      Verdauungsorgane 31
      Milz 32
      Leber 33
      Harnorgane 34
      Nervensystem 36
      Haut, Haare und Nägel 44
      Blut 47

C. Ätiologie des wolhynischen Fiebers 54
   Allgemeines 54
   Übertragung auf Menschen und Versuchstiere 55
   Die Rickettsia wolhynica 58
      Das Ergebnis der Blutuntersuchungen 58
       „   „   „ Läuseuntersuchungen 65
      Die Frage der Spezifizität des Befundes 71
      A n h a n g : Die Schlaflausrickettsien 81

D. Die Stellung der Rickettsien im System der Mikroorganismen und die
   Beziehungen des wolhynischen Fiebers zu anderen Infektionskrankheiten,
   besonders zum Fleckfieber 90

E. Die Pathogenese 95

F. Die Epidemiologie 99

G. Differentialdiagnose 107

H. Prognose und Immunität 115

I. Therapie 116

   Literatur 122

Einleitung.

Auf der militärärztlichen Tagung in Warschau am 17. I. 16. wurde von His und Werner gleichzeitig über eine durch ein charakteristisches Fieber gekennzeichnete Infektionskrankheit berichtet, der His den Namen wolhynisches Fieber gab, weil er ihr zuerst in Wolhynien häufiger begegnete; Werner benannte sie nach dem hervortretensten Symptom, dem sich meist alle 5 Tage wiederholenden Fieberanfall, Fünftagefieber.

Diese Mitteilungen über eine anscheinend bisher nicht bekannte, und auch zunächst in ihrem Wesen dunkle, erst im Kriege in die Erscheinung getretene Erkrankung erregte alsbald das größte ärztliche Interesse. Dieses war um so mehr gerechtfertigt, als die Zahl der Erkrankungen zeitweise nicht gering war und die Befallenen längere Zeit hindurch für den militärischen Dienst ausfielen. In der Folge erschien sowohl vom östlichen als vom westlichen Kriegsschauplatz eine große Reihe von Publikationen, die sich mit der Klinik der Krankheit und mit ihrer Ätiologie beschäftigten. Wenn auch in vielen Beziehungen die Autoren miteinander übereinstimmen und die Befunde, über die sie berichten, sich ergänzen, so bestehen doch in manchen, m. E. wichtigen Punkten erhebliche Differenzen, die eine allgemeine Übersicht über den heutigen Stand unserer Kenntnisse erschweren. Ein wesentlicher Grund für die Verschiedenheit der Auffassungen der einzelnen dürfte in den Kriegsverhältnissen selbst zu suchen sein. Die Erfahrungen der meisten beziehen sich nur auf Beobachtungen, die in einem relativ kleinen Ausschnitt des Kriegsschauplatzes gewonnen wurden; den militärischen Notwendigkeiten entsprechend konnten sie die Kranken nur selten von Anfang bis zu Ende am gleichen Orte selbst beobachten, den Ärzten in den Lazaretten fehlten häufig die Erfahrungen der Truppenärzte und umgekehrt. Für die ätiologischen Untersuchungen mangelte es häufig an den geeigneten und notwendigen Hilfsmitteln eines wohleingerichteten Laboratoriums, oder wo schließlich derartiges vorhanden war an dem erforderlichen engen Zusammenarbeiten mit der Klinik und dem geeigneten Krankenmaterial.

Wenn ich es unternehme, eine möglichst erschöpfende Darstellung des heutigen Standes unserer Kenntnisse dieser Krankheit zu geben, so leitet mich dabei der Gedanke, daß eine vergleichende und zusammenfassende Betrachtung der vielen vorliegenden Einzelpublikationen ein klareres Bild des Tatsächlichen gewinnen läßt, als es sich z. Z. derjenige verschaffen kann, der die Krankheit nicht aus eigener Anschauung kennt oder die Literatur genau und kritisch zu verfolgen in der Lage war. Meine eigenen Erfahrungen über die Klinik und Ätiologie der Erkrankung gründen sich auf Beobachtungen, die ich in über 2 Jahren in intensiver Beschäftigung mit der Krankheit gewonnen habe, wobei es mir möglich war, in mehreren Lazaretten eines großen Armeebereiches der Ostfront lange Zeit hindurch die größte Mehrzahl aller vorgekommenen Fälle meist während des ganzen Krankheitsverlaufes zu verfolgen und bei wiederholtem längeren Aufenthalt an der Front neben der natürlichen Ausbreitung der Erkrankung vor allem ihren sonst so häufig der klinischen Beobachtung entgehenden Beginn zu studieren und dabei gleichzeitig die Erfahrungen und das Urteil der Truppenärzte kennen zu lernen.

Für eine ausführlichere Beschreibung der Krankheit scheint mir aber auch der richtige Zeitpunkt gekommen zu sein. Nach dem heutigen Stande der Forschung sind wesentlich neue Ergebnisse, die unsere Auffassung von dem Wesen der Erkrankung verändern könnten, zunächst kaum zu erwarten und die deutliche Abnahme der Häufigkeit der Erkrankung dürfte der wissenschaftlichen Weiterarbeit fürs erste wohl bald ein Ziel setzen.

Bezeichnung der Krankheit.

Die Bezeichnung der Krankheit, deren Wesen und Erscheinungen hier beschrieben werden sollen, ist auch heute noch keineswegs einheitlich. Am meisten gebräuchlich ist der zuerst von His gewählte Name „wolhynisches Fieber = Febris wolhynica" und der von Werner angegebene „Fünftagefieber = Febris quintana". — Die Hissche Bezeichnung sollte anfangs lediglich dem militärischen Bedürfnis entsprechen, die betreffenden Krankheitsfälle, deren Zugehörigkeit zu einer besonderen Krankheitseinheit erkannt worden war, unbekümmert um ihre speziellen Symptome, für das Meldewesen kenntlich herauszuheben. Da His die Krankheit zuerst in Wolhynien zahlreicher auftreten sah und studierte, wählte er die einfache Ortsbezeichnung, obwohl er selbst, der die ersten Fälle schon im April 1915 in Ostpreußen beobachtet hatte, von Anfang an den Standpunkt einnahm, daß das Auftreten der Krankheit nicht an Ursachen örtlicher Natur gebunden sein könne. — In der Folgezeit hat sich der Name als prägnant und praktisch brauchbar weiter eingeführt und er ist für die gleiche Erkrankung auch auf dem westlichen und südwestlichen (österreichischen) Kriegsschauplatz von vielen Autoren angewandt worden. Es ist dagegen auch gar nichts einzuwenden, nachdem einmal ein bestimmter Begriff damit verbunden werden konnte, zumal der gleiche Sprachgebrauch sich auch sonst in der Medizin häufiger findet. So sind z. B. Aleppobeule oder Maltafieber, unabhängig von dem Orte ihrer Entdeckung und ihres häufigsten Vorkommens feste, ätiologisch und klinisch definierte Begriffe geworden.

Die hauptsächlichste Erforschung der Klinik und Ätiologie unserer Erkrankung auf dem wolhynischen Kriegsschauplatz dürfte daher auch dem Namen „wolhynisches Fieber" für die Folgezeit Bürgerrecht in der Literatur sichern.

Die von Werner gewählte Bezeichnung „Fünftagefieber = Febris quintana" bezieht sich auf ein wichtiges Symptom der Krankheit, den periodisch, zuweilen alle 5 Tage wiederkehrenden Fieberanfall. Wenn auch diese Bezeichnung von M. Mayer anfangs mit der Begründung zurückgewiesen wurde, daß der Name für eine Krankheit aus der Dengue-Gruppe mit 5 Tage lang anhaltendem Fieber schon vergeben sei, so konnte Werner zu seinen Gunsten doch auf eine weit zurückreichende historische Berechtigung seiner Namengebung hinweisen. Die bequeme Ausdrucksform und die dadurch erweckte Vorstellung einer für das Wesen der Erkrankung sicherlich bedeutungsvollen Periodizität des Verlaufs, verhalfen ihm jedenfalls bald auch zu weiterer Verbreitung. Daß er allerdings für die Umgrenzung des ganzen Krankheitsbegriffes zu eng gefaßt ist und der Anerkennung der weiteren Forschungen über Klinik und Ätiologie der Erkrankung nicht förderlich sein konnte, wird später näher auszuführen sein.

Die sonst an anderen Stellen der Front für die gleiche Erkrankung erfundenen Namen, z. B. Ikwafieber, Lipafieber (nach 2 kleinen Flüßchen in Russisch-Polen) oder Maasfieber, haben sich weder eingeführt, noch haben sie Berechtigung, nachdem die Krankheit schon von His und Werner vorher erkannt und beschrieben worden war. Unzutreffend und daher abzulehnen sind auch andere anfangs häufiger gebrauchte Bezeichnungen, wie atypisches Rückfallfieber, polnische Influenza, Schützengrabenfieber, Schienbeinfieber, Sumpffieber, Sumpfgrippe u. ähnl.

Geschichte und Verbreitung.

Wenn wir heute allgemein das wolhynische Fieber zu den eigentlichen Kriegskrankheiten rechnen, ebenso wie wir von Kriegsnephritis und Kriegsödem sprechen, so ist damit zwar ausgedrückt, daß diese Erkrankungen unter den besonderen Bedingungen des Krieges ebenso wie das Fleckfieber und zeitweise die Cholera stark gehäuft auftraten, es darf darunter aber nicht verstanden werden, daß die betr. Erkrankungen jetzt überhaupt erst entstanden sind. Es ist vielmehr ohne weiteres anzunehmen, daß auch das wolhynische Fieber unter ähnlichen Verhältnissen schon früher bekannt war, wenn auch vielleicht in anderer Häufigkeit und Verbreitung und unter anderem Namen.

Werner hat das Verdienst auf die Geschichte des „Fünftagefiebers" zuerst die Aufmerksamkeit gelenkt zu haben. In dem mittelalterlichen, aus dem XII. Jahrhundert stammenden Tierepos „Meister Isengrimus" fand er den Hexameter: „Aut habet, aut fingit quintanae frigora febris." Es scheint das in der Tat eine erste, primitive Beschreibung unserer Krankheit zu sein und man kann wohl Werner beipflichten, daß er aus der Angabe gelegentlicher Simulation (fingit frigora) der Krankheitssymptome schließt, daß die Krankheit sehr häufig und allgemein bekannt gewesen ist. Auch in der späteren Literatur fand er wiederholt Angaben über fünftägige Wechselfieber, die im Altertum anscheinend schon Hippokrates, Galen und Rhazes bekannt waren und in den östlichen und westlichen Teilen Europas recht häufig gewesen sein müssen. Für unsere heutige Auffassung sind diese Feststellungen jedenfalls bedeutungsvoll.

Späterhin sind die fünftägig wiederkehrenden Fieberformen offenbar stets der Malaria zugerechnet worden und dadurch als selbständiges Krankheitsbild der Vergessenheit anheimgefallen. Die fortschreitende allgemeine Hygiene mag zudem ihre Verbreitung wesentlich beschränkt haben, was nach unseren jetzigen Kenntnissen von der Übertragungsweise der Erkrankung sehr verständlich ist. Dafür spricht auch, daß unter modernen Kulturverhältnissen die Krankheit fast nur noch den Charakter einer Kriegsseuche zu haben scheint.

Fleischmann hat darauf aufmerksam gemacht, daß sie unter dem Namen moldauisch-walazisches oder dazisches Fieber zum erstenmal 1878 von Dehio beschrieben worden ist, der sie während des russisch-türkischen Krieges in einem Kriegslazarett in Sistowa (Bulgarien) kennen lernte und dem damaligen Stande des Wissens entsprechend auch als besondere Form der Malaria ansprach. Die klinischen Eigentümlichkeiten der Krankheit hat er aber in allen wesentlichen Punkten schon klar erkannt. Gegenüber den gewöhnlichen quotidianen und tertianen Fieberformen beschreibt er unter Beifügung zahlreicher, mit unseren heutigen vollkommen übereinstimmenden Temperaturkurven intermittierende Fieberformen; den quintanen Typus beobachtete er, wenn auch seltener, ebenfalls schon „mit bestimmter Lokalisation des Krankheitsprozesses an der Bronchialschleimhaut, dem Gastrointestinaltrakt, der Leber und dem zentralen Nervensystem" und als wichtiges Symptom hebt er „die vagen, rheumatoiden Schmerzen" hervor, „deren Sitz nach der Beschreibung der Patienten, bald in den Knochen, unter denen besonders das Mittelstück der Tibia und der Knauf des Femur beschuldigt werden, bald in den Gelenken (Hüfte, Knie und Fußgelenk) und in den Muskeln des Ober- und Unterschenkels gelegen ist." —

Ob die Erkrankung in dem gegenwärtigen Kriege ursprünglich von feindlicher Seite eingeschleppt worden ist und sich erst danach unter unseren Truppen verbreitet hat, läßt sich z. Z., solange die ausländische Kriegsliteratur nicht vollständig zur Verfügung steht, nicht mit Sicherheit entscheiden. In Deutschland war die Krankheit als solche vor dem Kriege jedenfalls unbekannt, wenn auch gelegentlich vereinzelte Krankheitsfälle vorgekommen sind, die damals zwar nicht zu klassifizieren waren, heute aber wohl sicher als wolhynisches Fieber anzusprechen sind. So hat A p o l a n t im Jahre 1904 in einer Berliner Familie im Abstand von wenigen Tagen drei Kinder unter Erbrechen und ziehenden Schmerzen im ganzen Körper, besonders in den Beinen, an hohem zwei Tage anhaltenden Fieber erkranken sehen, das sich bei allen genau in Abständen von sechs Tagen mit denselben übrigen Symptomen wiederholte; in einem Falle bestand eine Milzschwellung. Auch der Vater der Kinder erkrankte gleichzeitig unter ähnlichen, wenn auch leichteren Beschwerden. Eine Ursache der Erkrankung und eine Ansteckungsquelle konnte damals nicht ermittelt werden. — Ferner erkrankte, wie W e i t z berichtet, 1910 im Hamburger St. Georgs Krankenhause eine Krankenschwester an fünf, jedesmal zwei Tage lang anhaltenden Fieberanfällen in Abstand von einmal fünf und einmal sechs Tagen mit Schmerzen in den Armen und ausgesprochener Druckschmerzhaftigkeit des Epicondylus ext. und der Lendenwirbeldornfortsätze.

Im jetzigen Kriege sind die ersten Krankheitsfälle von H i s schon im April 15. in Ostpreußen in einem russischen Gefangenenlager einwandfrei beobachtet worden. Ich selbst habe später bei Russen die Krankheit auch nicht selten gefunden und aus Erzählungen Gefangener und unserer Soldaten weiß ich, daß sie auf russischer Seite offenbar häufig vorkam. Manche unserer Leute glaubten sogar ihre eigene Erkrankung direkt auf die Berührung mit russischen Überläufern oder Gefangenen zurückführen zu können und wiederholt bekam ich die Angabe, die Krankheitsfälle seien in der Kompagnie erst aufgetreten, seitdem sie russische Stellungen übernommen und sich in diesen eingerichtet hätte. Alles scheint also dafür zu sprechen, daß die Erkrankung auf dem östlichen Kriegsschauplatz von feindlicher Seite zu uns eingeschleppt worden ist. In den Herbstmonaten 15 ist sie offenbar schon auf dem größten Teil der Ostfront verbreitet gewesen. Unter meinem Material kann ich sie bis zum Juli 1915 zurückverfolgen, als mir in Ostpreußen bei Ruhrrekonvaleszenten periodisch auftretende Fieberbewegungen auffielen, für die damals eine Erklärung noch nicht zu geben war. — Die größte Ausbreitung erlangte die Krankheit im Osten im Herbst 1916 und Winter 1916/17. Seit dem Sommer 17 kommt sie hier nur noch vereinzelt vor. —

Ebenso unbestimmt wie im Osten ist das erste Auftreten der Erkrankung im Westen heute anzugeben. Sicherlich ist es an vielen

Stellen der Front auf Verschleppung durch die aus dem Osten kommenden Verbände zurückzuführen, andererseits trat die Krankheit aber auch an Frontabschnitten auf, wo diese Möglichkeit nicht in Frage kam. — Fleischmann beobachtete schon sehr zahlreiche Fälle im Dezember 15 bei Truppenteilen, die vom Beginn des Stellungskrieges an ihren Standort nicht gewechselt hatten. In der englischen Literatur (Mac Nee. Brunt.) wird der Erkrankung ebenfalls schon vom Winter 15 an, seit die englischen Truppen nach Flandern gekommen waren, Erwähnung getan. Es scheint also auch hier die eigentliche Quelle der Ausbreitung das feindliche Heer gewesen zu sein.

Von der Häufigkeit der Erkrankung im Westen läßt sich aber noch schwerer ein Bild gewinnen, als es im Osten möglich ist, weil es auffallenderweise hier noch viel länger gedauert hat, bis die Möglichkeit und Notwendigkeit diese Krankheitszustände als Krankheit sui generis von anderen abzugrenzen, Allgemeingut der Ärzte geworden war.

Über die Verbreitung auf den anderen Kriegsschauplätzen liegen nur spärliche Angaben vor. Auf dem südwestlichen Kriegsschauplatz wurde sie im Winter 16 und 17 im österreichischen Heere von Galambos vereinzelt gesehen; auf dem rumänischen Kriegsschauplatz beobachtete Koch eine größere Epidemie, in der Dobrudscha scheint sie nicht vorgekommen zu sein. In Mazedonien beschränkte sie sich auf eine kleine lokal begrenzte Epidemie am Doriansee (Otto Strauß), in der Türkei ist sie auffallenderweise bisher gänzlich unbekannt geblieben (His).

Klinik des wolhynischen Fiebers.

Vorbemerkungen bezüglich Abgrenzung und Einteilung.

Eine vollständige Beschreibung der klinischen Symptome des wolhynischen Fiebers, die auf alle Erscheinungen Bezug nimmt, die wir bei der Erkrankung beobachten können, hat eine dem Wesen der Krankheit vollkommen entsprechende Umgrenzung des Krankheitsbegriffes zur Voraussetzung. Wären wir in der Lage, ähnlich wie bei den Infektionskrankheiten, deren Erreger gut bekannt und leicht nachweisbar sind (bakterielle Infektionen, Malaria, Rekurrens), heute schon eine über alle Kritik erhabene ätiologische Definition zugrunde zu legen, so wären die Unsicherheiten der Abgrenzung bedeutend leichter zu beseitigen. Es handelte sich im wesentlichen darum, die klinischen Symptome bei allen den Fällen abzulesen, bei denen der spezifische Erreger nachzuweisen wäre. Da aber hier die Lösung des ätiologischen Problems noch Gegenstand der Diskussion ist, so ist die genaue Festlegung des klinischen Begriffes der Krankheit nicht nur schwieriger, sondern auch wichtiger und verantwortungsvoller, weil darauf vorerst die Grundlage für alle ätiologischen Untersuchungen beruht. Insbesondere die Entscheidung der Frage der Spezifizität ev. als Erreger der Krankheit in Frage kommender Mikroorganismen wird davon abhängen, daß die klinische Definition der Krankheit mit genügender Schärfe herausgearbeitet wird. —

Für die Klinik der Erkrankung ist auch heute noch die Darstellung grundlegend, die His und Werner in ihren ersten Publikationen gegeben haben, und die Autoren, die unmittelbar nach ihnen über die Erkrankung berichtet haben, stimmen in allen wichtigen Punkten damit überein (Korbsch, Moltrecht, Frese u. a.). Die Aufstellung des Krankheitsbegriffes, die Erkenntnis, daß eine bisher unbekannte Krankheit sui generis hier vorläge, gründete sich bei ihnen allen im wesentlichen auf das augenfälligste, bei anderen bekannten Krankheiten nicht beobachtete Symptom der eigenartigen periodischen Fieberbewegung, die in der Regel in einem alle fünf Tage wiederkehrenden Fieberanfall ihren Ausdruck findet. Zwar wurde auch damals schon auf andere wichtige subjektive und objektive Symptome hingewiesen, für die Diagnose war jedoch immer in erster Linie die charakteristische Fieberkurve maßgebend.

Man darf nicht vergessen, daß die Erkrankung überhaupt zunächst nur in den Lazaretten, in denen allein genaue Temperaturmessungen vorgenommen werden konnten, gewissermaßen zufällig gefunden wurde. Damit hängt es auch zusammen, daß das wolhynische Fieber anfangs für eine seltene Erkrankung galt. Die Schwierigkeiten der Beurteilung begann erst, als man denselben Symptomenkomplex wie bei den Fällen von His und Werner auch außerhalb der stabilen Lazarette, besonders bei den Fronttruppen, beobachtete und die Erfahrung machte, daß der Temperaturverlauf sehr häufig dem von His und Werner beschriebenen Fünftagetypus nicht entsprach.

Um die Zusammengehörigkeit aller dieser Fälle, deren Zahl vielerorts und lange Zeit hindurch recht groß war, zu ein und derselben Krankheitsgruppe auszudrücken, unterschied man diese Verlaufsformen als atypische von den zuerst bekannten typischen Verlaufsformen (Sachs, Goldscheider, Schittenhelm u. Schlecht u. a.). In dieser Einteilung kommt aber die Tatsache viel zu wenig zum Ausdruck, daß die Grundlage der Definition der Krankheit mit eingehenderer Kenntnis ihrer klinischen Symptome nicht mehr ausschließlich die Temperaturbewegung sein konnte, sondern vielmehr die Gesamtheit des klinischen Symptomenbildes. Manche Unklarheit ist m. E. darauf zurückzuführen, daß man diese Verschiebung des Standpunktes nicht genügend berücksichtigte. Allein schon der Zahl nach bleiben die Fälle mit Fünftagetypus weit hinter den Formen mit anderem periodischen Fieberverlauf bei im übrigen gleichem Symptomenbilde zurück. Würde man aber trotzdem auch weiterhin

die Febris quintana in des Wortes eigentlicher Bedeutung dem äußeren
Augenschein der Temperaturkurve zuliebe als den einzigen Normal-
fall ansehen, so würde man zu dem eigenartigen Ergebnis gelangen,
daß bei dieser Erkrankung die atypischen Fälle die Regel, die typischen aber die Ausnahme bildeten. — Versucht man die Verschiedenheiten des Fieberverlaufs bei dieser Erkrankung auf eine einfache
und allgemeingültige Formel zu bringen, so läßt sich nur soviel sagen,
daß es sich um ein periodisches Fieber handelt, und in diesem Sinne
sind alle Verlaufsarten typisch.

Unter dieser Voraussetzung läßt sich dann aber sehr wohl der
verschiedene Fieberverlauf als Einteilungsprinzip be-
nutzen. Es ist, wie wir sehen werden, das einzige Symptom, das eine
äußere Unterscheidung einzelner Gruppen der Erkrankung von einander ermöglicht. Ähnlich wie bei anderen Infektionskrankheiten
gibt auch hier der Fieberverlauf ein Abbild der Reaktionen, die sich
zwischen Organismus und Krankheitserreger abspielen, und eine derartige Gruppierung innerhalb des Rahmens des Krankheitsbegriffes,
wie ihn die folgende Darstellung begründen soll, muß also auch ihre
innere Berechtigung haben, insofern als sie das Wesen der wichtigsten Krankheitserscheinungen berührt und ihre Genese erläutert.

Allgemeine Symptomatologie.

Inkubation. Über die Dauer der Inkubationszeit unter natürlichen Verhältnissen lassen sich nur schwer genaue Angaben machen,
da die Infektionsgelegenheit angesichts der Tatsache, daß die Erkrankung durch den Biß von Kleiderläusen übertragen wird, all-
zuoft gegeben ist. Es bleibt zu berücksichtigen, daß die ersten
Krankheitserscheinungen in vielen Fällen so leicht sind, daß die
Kranken sich deswegen nicht sogleich in ärztliche Behandlung be-
geben. Auch bei Patienten, bei denen die Krankheit im Lazarett
selbst zuerst bemerkt wird, nachdem sie schon eine Zeitlang vorher
aus anderen Gründen, etwa wegen einer chirurgischen Erkrankung,
Verwundung etc. dort Aufnahme gefunden haben, handelt es sich,
wie man durch Befragen nachträglich feststellen kann, nicht jedesmal
um den ersten Beginn der Erkrankung. Immer, wenn kurz vor dem
Ausbruch des ersten Symptoms ein Ortswechsel stattgefunden hat,
kann auch während dieser Zeit oder noch vorher die Infektion erworben worden sein. Bei eigentlichen Hausinfektionen, Erkrankungen
des Pflegepersonals oder der Ärzte in den Lazaretten ist der Zeitpunkt der Übertragung deswegen oft ungewiß, weil ein vereinzelter
Läusebiß, der für die Ansteckung genügen kann, unbemerkt bleibt
oder wenn, wie so oft, wiederholt in der fraglichen Zeit Läuse am
Körper oder in den Kleidern bemerkt worden sind, sich nachher

nicht mehr angeben läßt, welcher Läusebiß die Krankheit verursacht hat. Im allgemeinen dürfte jedoch aus der Summe der Erfahrungen abzuleiten sein, daß die Inkubation in den meisten Fällen 12—25 Tage beträgt. Dieser Zeitraum stimmt auch mit den bei experimenteller Übertragung der Krankheit gemachten Erfahrungen überein. Die Inkubationszeit betrug bei Werner und Benzler, die sich selbst mit Krankenblut infizierten, 22 und 24 Tage, bei Kuczynski, der nach einmaligem Biß einer nachgewiesenermaßen infizierten Laus erkrankte, 27 Tage. Die Inkubationszeit kann aber auch wesentlich länger dauern. Bei Werner, der ein halbes Jahr nach seinem ersten Selbstversuch sich nochmals und zwar mit Läusen infizierte, betrug sie sogar 8 Wochen. — Den an und für sich naheliegenden Einwand, daß der Infektionsversuch selbst in diesem Falle unwirksam geblieben sei, vielmehr eine andere, unbekannte Infektionsmöglichkeit vorgelegen habe, konnte Werner dadurch entkräften, daß er während dieser Zeit sich in der Heimat, also in sicher nicht infizierter Umgebung aufhielt. Neuerdings hat auch Strisower in zwei Fällen eine Inkubation von 60 Tagen, 1 mal eine von 43 Tagen und 1 mal eine von 34 Tagen beobachtet.

Subjektive Krankheitserscheinungen während der Inkubation fehlen fast stets, höchstens in den letzten Tagen vor dem ersten Fieberanfall wird über allgemeines Unbehagen, Kopfschmerzen, Druck in den Augen, über leichtes Ziehen und Gefühl der Schwere in den Gliedern, auch wohl über leichtes Frösteln geklagt. Objektive Krankheitserscheinungen wurden auch in den experimentell erzeugten Krankheitsfällen vermißt, allerdings scheint nach eigenen Erfahrungen manchmal bereits eine leichte Milzvergrößerung nachweisbar zu sein, Fleischmann hat wiederholt die gleiche Erfahrung gemacht.

Beginn der Erkrankung. Die Krankheit selbst beginnt stets plötzlich und dem gewöhnlichen Verhalten während der Inkubationszeit entsprechend meist aus vollem Wohlbefinden heraus. Wenn auch meistens die Erkrankung von Anfang an, oder wenigstens im Anfang, sehr leicht verlaufen kann, so ist doch ein ursprünglich schweres Krankheitsbild nicht selten. Unter starkem Frostgefühl, oft unter heftigem Schüttelfrost steigt die Temperatur in wenig Stunden auf 39° und 40°, dabei bestehen heftige Kopfschmerzen, die besonders in die Stirn- und Schläfengegend lokalisiert werden, so daß die Kranken das Gefühl haben, der Kopf wolle ihnen zerspringen. Jede Lageveränderung vergrößert die Beschwerden, auch die Bewegung der Augen ist schmerzhaft. Gleichzeitig stellt sich eine große allgemeine Mattigkeit und Hinfälligkeit ein, die in einzelnen Fällen zu Ohnmacht und Erbrechen führt. Auch Somnolenz nnd delirante Zustände können die erste Fieberperiode begleiten. — Außer durch die Kopfschmerzen sind die Kranken durch ziehende und reißende Schmerzen im Kreuz, in den Armen und

Beinen gequält, die bald auf die Muskulatur, bald auf die Gelenke oder die Knochen selbst bezogen werden. Unangenehme Empfindungen in der Magengegend, Stiche am rechten und linken Rippenbogen, besonders in der Milzgegend kommen hinzu und rauben den Schlaf in der Nacht, wenn auch unter leichtem Schweißausbruch nach 6 bis 8 Stunden die Körpertemperatur um 1 oder 2 Grade absinkt. Während der nächsten Tage bessert sich das Allgemeinbefinden, obwohl die Temperatur mit mehr oder weniger ausgesprochenen Remissionen noch fieberhaft bleibt. Aber die Schmerzen im Kopf und Kreuz und in den Armen und Beinen halten unverändert an, ja, sie nehmen zuweilen sogar an den Beinen noch zu und konzentrieren sich bereits in diesem Stadium der Erkrankung mehr und mehr auf die Unterschenkel, besonders deren untere Hälfte und innere Seite.

Dem stürmischen Beginn und den schweren subjektiven Klagen entsprechend ist der Befund der einer schweren Infektion. Das Gesicht ist leicht gedunsen, gerötet, die Augen glänzend, die Bindehaut leicht injiziert, die Zunge belegt und trocken. Der allgemeinen Hyperämie des Kopfes folgend ist auch die Schleimhaut des Rachens und der Tonsillen gerötet. Über den Lungen findet sich häufig ein leichter Katarrh, der Puls ist entsprechend der Temperatur beschleunigt und weicher als normal, die Herztöne oft laut und betont und etwas unrein. Die Leberdämpfung ist in den meisten Fällen vergrößert und der untere Leberrand auf Druck schmerzhaft. Fast immer ist eine Schwellung der Milz nachweisbar, obwohl sie anfangs nicht sehr bedeutend und wegen ihrer Weichheit der Palpation oft schwer zugänglich ist. Die Muskulatur der Extremitäten, vornehmlich an den Stellen des Übergangs der Muskelbäuche in die Sehnen ist auf Druck stark schmerzempfindlich. Ganz besonders schmerzt aber gewöhnlich der Druck und das Klopfen auf das untere Schienbeindrittel, ebenso wie die spontane Schmerzempfindlichkeit hier sehr ausgesprochen ist. Von seiten der übrigen Organe bestehen im allgemeinen keinerlei wesentliche krankhafte Symptome. So ist also die Erkrankung gleich von Anfang an als eine schmerzhafte und fieberhafte gekennzeichnet. Außer den Schienbeinschmerzen sind als wichtigste Veränderungen die Milz und Leberschwellung hervorzuheben. —

Weiterer Verlauf. Nach dem Rückgang des Anfangsfiebers, das meistens etwa drei Tage dauert, aber auch auf einen Tag sich beschränken ebenso wie über fünf bis sechs Tage hin sich erstrecken kann, pflegen sämtliche Krankheitserscheinungen ganz bedeutend nachzulassen. Die zurückbleibende Mattigkeit, Blässe, der fehlende Schlaf und Appetit, zusammen mit den noch fühlbar bleibenden Kopf-, Kreuz- und Beinschmerzen deuten jedoch an, daß die Krankheit keineswegs endgültig überwunden ist. Nach vier bis fünf Tagen — auch größere und kleinere Intervalle kommen vor — während die

Temperatur normal gewesen ist, tritt gewöhnlich wieder eine kleine Erhöhung der Körpertemperatur auf, die schon von einer Steigerung sämtlicher Beschwerden begleitet ist, und kurz darauf erfolgt dann unter Frösteln ein erneuter, hoher Fieberanstieg, der ein in allen wesentlichen Zügen gleiches Krankheitsbild einleitet, wie es im Anfang bestanden hatte. Allerdings fehlen jetzt die stürmischen Allgemeinerscheinungen, die Temperatursteigerung setzt weniger rapide ein, es fehlt ein eigentlicher Schüttelfrost, Erbrechen, Ohnmacht kommen kaum zur Beobachtung, die Schmerzen sogar sind meist weniger ausgebreitet, in anderen Fällen aber auch, besonders in den Beinen, noch heftiger als im Anfang, so daß schon der Druck der Bettdecke unerträglich werden kann. Die Vergrößerung der Leber und Milz, die vorher ganz oder teilweise zurückgegangen war, wird wieder nachweisbar. Die Milz ist härter und größer als das erste Mal und auf Druck und spontan sehr empfindlich.

Die Dauer des zweiten Anfalles ist gewöhnlich kürzer als die des ersten, nach 8—12 Stunden kann die Temperatur unter leichtem Schweißausbruch wieder absinken, das Allgemeinbefinden bessert sich, doch fühlt der Kranke auch jetzt, daß die Krankheit noch nicht überwunden ist und neue Fieberattacken ihm bevorstehen. Jedesmal, wenn auch häufig in verschieden langen Intervallen, wiederholt sich nun das gleiche Bild, die gleichen Schmerzen und der gleiche Befund, nur im einzelnen wechseln die Symptome. War es das eine Mal die Milz oder die Leber, von der die Hauptschmerzen ausgingen, so sind es ein ander Mal vielleicht wieder die Schienbeinschmerzen oder die Kopfschmerzen oder die Schmerzen im Kreuz. Auch während der fieberfreien Zeiten setzen die Beschwerden nicht ganz aus. Trotz aller Gleichartigkeit im Gesamtbild zeigen die einzelnen Züge die größte Vielgestaltigkeit und den buntesten Wechsel. Auf die Dauer leidet unter der Wirkung der Infektion und dem häufigen Fieber, infolge des fehlenden Schlafes und des mangelnden Appetits auch das Allgemeinbefinden, der Kräftezustand, die Stimmung und das Aussehen. Dabei nehmen die Fieberperioden allerdings allmählich an Intensität, nicht immer an Dauer, ab und schließlich ist und bleibt die Temperatur ganz oder fast ganz normal, obwohl doch noch periodisch, in leichterem Grade die gleichen Symptome wie bei früheren schwereren Attacken sich einstellen. So beträgt die Dauer der Erkrankung in der Regel 4—6 Wochen. Aber auch mehrere Monate währende Erkrankungen sind nichts Außergewöhnliches, wie zahlreiche eigene Beobachtungen und auch zwei von Bittorf mitgeteilte Krankengeschichten beweisen.

Ich selbst kenne sogar einen Fall, der nach dem Beginn der Erkrankung im März 16, in mehr oder weniger großen Pausen nach über einem Jahre noch gelegentlich neue Anfälle bekam. — Der Patient, der die Erkrankung s. Zt. an der Front erworben hatte, war nach anfänglicher Behandlung im Kriegslazarett monatelang in der Heimat und tat später Dienst in der Etappe, Neuinfektion war mit Bestimmtheit auszuschließen. Die längste bisher beobachtete Krankheitsdauer betrug in einem von Cassirer beschriebenen Falle 19 Monate.

Während der Rekonvaleszenz besteht noch längere Zeit hindurch ein Gefühl starker geistiger und körperlicher Ermüdbarkeit, reizbare Stimmung, Appetitlosigkeit und schlechter Schlaf. Oft vergehen viele Wochen bis das Aussehen wieder frisch ist und das Körpergewicht sich hebt. Sonstige Nachkrankheiten sind bisher nicht beobachtet worden. Der Ausgang ist stets günstig. Todesfälle sind nie vorgekommen.

Spezielle Symptomatologie.

Fieberverlauf. Betrachten wir die einzelnen Symptome gesondert, nachdem wir das Krankheitsbild in großen Umrissen geschildert haben, so gilt unser Hauptaugenmerk dem Temperaturverlauf. Die Temperaturbewegung, wie bei anderen Infektionskrankheiten auch hier der sichtbare Ausdruck der Wechselbeziehungen zwischen Krankheitserreger und Wirtsorganismus, ist ohne Zweifel das für das Wesen der Erkrankung wichtigste Symptom überhaupt. Der Fieberverlauf ist, wenn wir eine für alle Fälle zutreffende Definition geben wollen, ein periodischer. Der Ablauf der Fieberperioden kann jedoch sowohl bei den einzelnen Fällen, wie auch bei einem und demselben Krankheitsfall den größten Wechsel zeigen, obwohl die übrigen Symptome immer im wesentlichen dieselben sind. Wenn auch im allgemeinen ein Blick auf die Temperaturkurve genügt, um andere Krankheiten mit periodischem Fieber (Malaria, Rekurrens, Maltafieber) auszuschließen, so kann man von einer für die Krankbeit pathognomonischen Fieberkurve doch nur in einem Teile der Fälle sprechen. Es ist das die Gruppe, die ich die **paroxysmale Verlaufsform** genannt habe. Gerade wegen der Eigenart der Temperaturbewegung hat sie zuerst zur Aufstellung des Krankheitsbildes Anlaß gegeben.

I. Die paroxysmale Verlaufsform. Die paroxysmale Verlaufsform ist gekennzeichnet durch den kurzen, in wenigen Stunden überwundenen Fieberanfall, auf den sich alle hauptsächlichsten Krankheitserscheinungen konzentrieren und das fieberfreie und nahezu ganz beschwerdefreie Intervall, das in der Regel 4 Tage dauert, bis ihm wieder neue Fieberattacken folgen. (Abb. 1.)

Der Fieberanfall selbst setzt in vielen Fällen plötzlich und ohne Vorboten ein. Zuweilen zeigen sich aber schon stundenlang vorher leichtes Frösteln, Kopfschmerzen und Schmerzen in den Beinen. Der Fieberanstieg ist nur in den ersten Anfällen ein derart plötzlicher,

daß es zu einem eigentlichen Schüttelfrost kommt. Stets ist dessen
Intensität und Dauer aber geringer als gewöhnlich bei der Malaria oder
Rekurrens, auch fehlt dabei das bei diesen Krankheiten so ausgespro-
chene Angstgefühl und der kurze, trockene Reizhusten. In den späteren

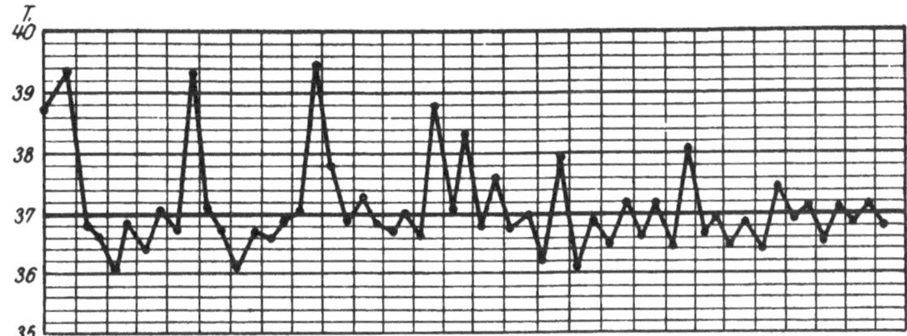

Abb. 1. Paroxysmale Verlaufsform.

Anfällen gehört der Schüttelfrost bei der Febris wolhynica entschieden
zu den großen Ausnahmen, er kommt nur dann zur Beobachtung, wenn
nach mehreren leichten Anfällen oder einem ungewöhnlich großen
Intervall plötzlich wieder einmal ein stärkerer Paroxysmus folgt. Im
allgemeinen ist also gerade der langsame Fieberanstieg die Regel.

Frese, der zuerst in stündlichen Messungen die Temperaturbewegung genau verfolgte und dessen Ergebnisse mit unseren
eigenen übereinstimmen, sah 8—12 Stunden bis zum Fieberhöhepunkt
vergehen. Das Fastigium, dessen Dauer ebenfalls 8 Stunden, aber
auch länger, bis 20 Stunden, betragen kann, läßt mehrere kleine
Senkungen und Erhebungen erkennen, die zuweilen nochmals von
leichtem Frösteln begleitet sind. Die Fieberhöhe selbst ist bei den
einzelnen Anfällen verschieden, Temperaturen über 40° sind überhaupt selten, sie kommen höchstens bei den ersten Anfällen vor,

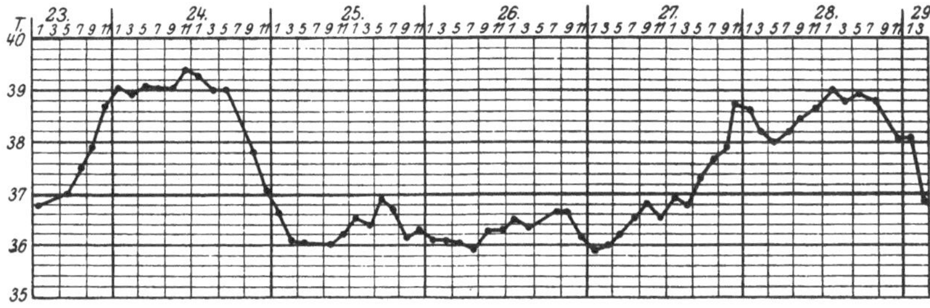

Abb. 2. Fieberverlauf im Paroxysmus bei F. W. (nach Frese), 2 stündl. Messung.

später liegt das Niveau der Fieberhöhe etwa um 39° bis 39,5 und
mit der Zahl der Anfälle pflegt es allmählich zu sinken. Die subjektiven, durch das Fieber bedingten Beschwerden sind meist nicht
allzugroß, es fehlt die quälende trockene Hitze, unter der z. B. der

Malariker leidet. Herzklopfen, Atemnot sind nicht häufig und die Puls-
zahl überschreitet selten die der Temperatur entsprechende Steigerung.

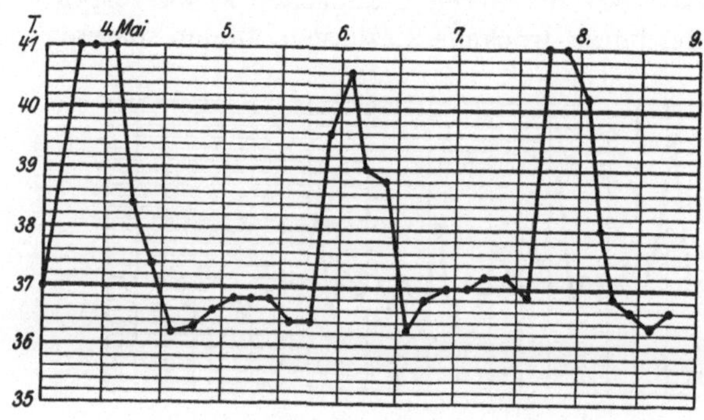

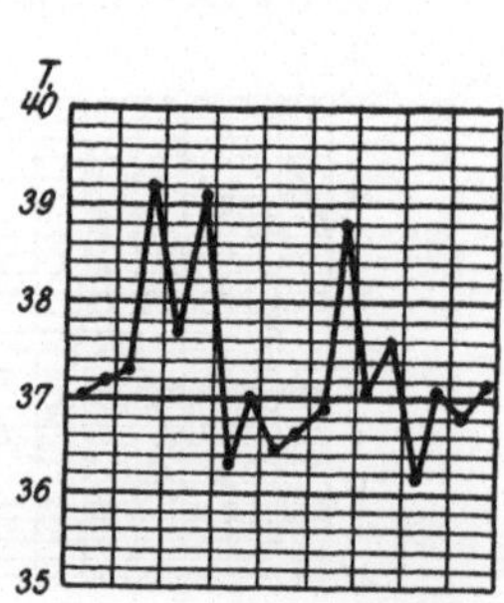

Abb. 3. Fieberverlauf im Malariaanfall (nach
Ziemann). 2stündl. Messung.

Abb. 4. Doppelgipflige
Paroxysmen.

Auch der Temperaturabfall erfolgt ganz ähnlich wie der Anstieg, in
langsamem, mehrere Stunden dauernden Tempo und der begleitende
Schweißausbruch ist nicht sehr erheblich. Aus diesem Fieberverlauf
ergibt sich also als charakteristisches Bild für den typischen Paroxysmus des wolhynischen Fiebers eine Kurvenform, die etwa einem gleich-
seitigen Dreieck ähnelt, dem die Spitze fehlt (Abb. 2). Die B a s i s -
b r e i t e, wie W e r n e r sich ausdrückt, beträgt meistens 24 Stunden,
sie kann allerdings auch kürzer und länger sein (Abb. 3).

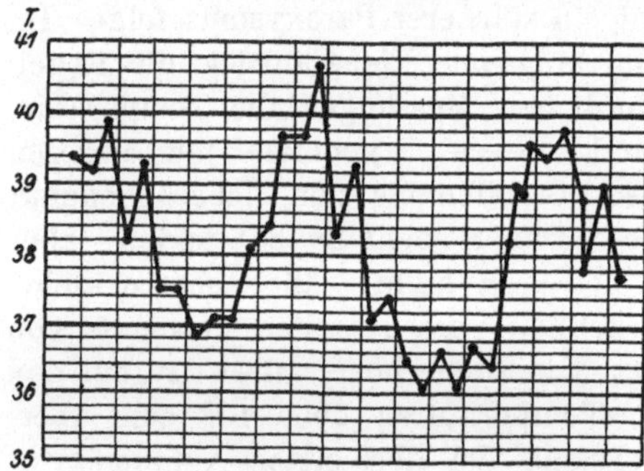

Abb. 5. Protrahierte Paroxysmen.

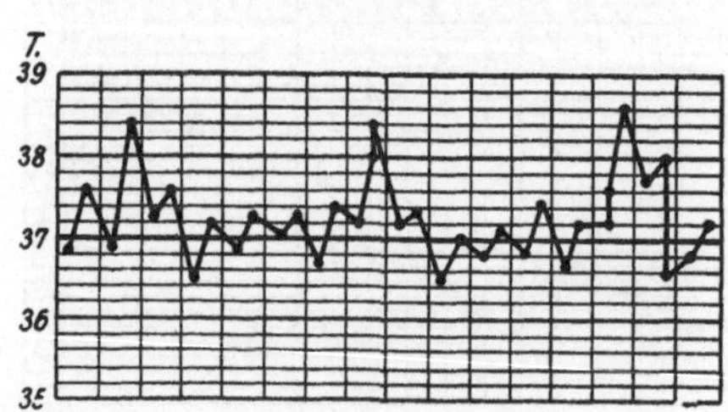

Abb. 6. „Kongruente Teil-Kurven" paroxysmaler Verlaufsformen.

Dieser typische Ablauf des einzelnen Fieberanfalles läßt nun in
allen Stadien oft Abweichungen erkennen. Sehr häufig geht dem eigentlichen Fieberanfall eine mehr oder weniger ausgesprochene Vorzacke
voraus. Zuweilen ist die danach
eintretende Senkung von einem Schweißausbruch begleitet, so daß
man eine erneute und nun erst hochansteigende Erhebung der Temperatur kaum noch erwarten sollte; oder der Anstieg der Tempera-

tur erfolgt am Tage des eigentlichen Anfalles nicht geradlinig innerhalb eines Tages, sondern mit einmaliger oder wiederholter Stufen-
bildung im Laufe von 12 bis 24 Stunden. Ebenso können die gewöhnlich nur leichten, erst bei häufiger Messung besonders deutlich
werdenden kleinen Remissionen während des Fastigiums sich vertiefen
und einen Doppelgipfel, sogar eine Dreizipfelung der Anfallskurve
verursachen (Abb. 4). Auch der absteigende Schenkel kann eine oder
mehrere Stufen aufweisen, so daß sich schließlich der ganze Anfall
über 48 und 60 Stunden hinzieht (Abb. 5). Nicht selten sind die
Abweichungen bei zwei oder mehr aufeinanderfolgenden Anfällen auffallend ähnlich — wir haben das seinerzeit die „Kongruenz der
Teilkurven" (Abb. 6) genannt — so daß man an eine innere Gesetzmäßigkeit dieses Verhaltens zu denken veranlaßt wird (Abb. 6).

Mit der Zahl der Anfälle pflegt ihre Höhe und ihre Dauer
abzunehmen. Die subjektiven Beschwerden, ebenso wie die Milz- und
Lebervergrößerung werden allmählich geringer oder fehlen ganz.
Die Zahl der Anfälle ist im Einzelfall oft schwer zu bestimmen,
weil häufig dem ersten im Lazarett beobachteten Paroxysmus, oder
demjenigen, der die Krankmeldung bei der Truppe veranlaßte, schon
mehrere, nicht ärztlich beobachtete vorausgegangen sind; außerdem
folgen zuweilen nach der Entlassung aus dem Lazarett noch Fieberattacken, die dann der Beobachtung entgehen. —

Sicherlich gibt es Fälle, bei denen die ganze Krankheit sich in
zwei Anfällen erschöpft. Meistens beträgt ihre Zahl 4—6, aber auch
ein längerer Verlauf mit 12 und 14 Anfällen ist keineswegs selten,
wir selbst beobachteten sogar 18 und 20 Anfälle in mehreren Fällen.

Die Dauer des Intervalles zwischen zwei Anfällen beträgt
häufig 4—5 Tage und für diese Fälle trifft also die Wernersche
Bezeichnung „Fünftagefieber" auch wörtlich genommen zu. Die
Intervalle können sogar so regelmäßig sein, daß der Anfall, ganz
ähnlich wie bei der Malaria, genau um dieselbe Stunde sich einstellt.
Ebenso wie bei dieser sieht man auch nicht selten beim wolhynischen
Fieber ein Anteponieren und Postponieren des Fieber-
beginnes im Zeitraum eines ganzen Tages vor oder nach dem erwarteten Temperaturanstiege. Es kommen aber auch größere Verschiebungen und andere Unregelmäßigkeiten in der Folge der Anfälle nacheinander vor, so daß es nicht immer möglich ist, noch eine
feste Gesetzmäßigkeit in den Intervallen herauszuerkennen. So gibt
es Fälle mit 3-, 4-, 6- und 7 tägigen Intervallen, oder bei einem und
demselben Falle vergrößern sich allmählich die Zwischenräume. —
Auch das Ausfallen eines oder mehrerer Anfälle hintereinander kommt
vor. Es finden sich dann aber vielfach, worauf schon Werner aufmerksam gemacht hat, am Tage der ausgebliebenen Anfälle sog.
„Äquivalente", d. h. ähnliche Beschwerden, wie sie sonst die Temperatursteigerungen begleiten; verstärkte Kopfschmerzen, Beinschmerzen,

Stiche in der Milzgegend, Pulsbeschleunigung, auch Durchfälle. — Es ist jedoch möglich, daß in einem Teil dieser Fälle eine kurzdauernde Temperatursteigerung durch zu seltene Temperaturmessung der Beobachtung entgangen ist.

Das Auseinanderrücken zweier Anfälle kann so weit gehen, daß die Temperaturkurve eine Zeitlang den Typ der Malaria quotidiana tertiana oder quartana annehmen kann, obwohl man durch häufige Temperaturmessung aus der Art und Weise des Fieberverlaufs im Anfall jedesmal leicht eine Unterscheidung treffen kann. — Gewöhnlich rücken im Verlauf der Erkrankung die Anfälle weiter von einander ab, so daß in späteren Stadien 7-, 9- und 10 tägige Intervalle nicht selten sind. Ausnahmsweise kommen auch sehr große, 3 und 4 Wochen dauernde Zwischenräume vor, ohne daß man deswegen eine Neuinfektion anzunehmen berechtigt ist.

Einen derartigen Verlauf nahm z. B. die Erkrankung, die ich selbst durchmachte. Der erste Anfall begann am 6 I. 17 unter Frösteln und allgemeinem Gliederreißen mit leichter Temperatursteigerung. In der Nacht zum 7. II. sank die Temperatur auf 35,4 unter leichtem Schweißausbruch, ohne daß sich aber damit das Allgemeinbefinden besserte. Die bohrenden Kopfschmerzen, die Schmerzen beim Bewegen der Augen, die allgemeine Unruhe nahmen sogar sehr

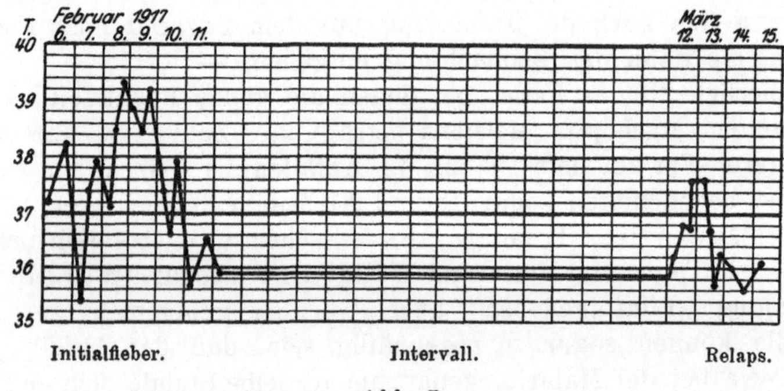

Abb. 7.

bald zu, ohwohl der eigentliche Fieberanstieg erst am 8. II. folgte (Abb. 7). Jetzt war eine Milzvergrößerung nachweisbar, die Leber war auf Druck empfindlich. Die Muskeln, besonders die Unterschenkel schmerzten spontan und bei Bewegungen. Am 10. und 11. sank die Temperatur, alle wesentlichen Beschwerden gingen zurück, aber eine große allgemeine Mattigkeit und leichte Ermüdbarkeit wollte nicht weichen, obwohl der Schlaf ausgiebig, sogar abnorm tief war. Das Gefühl verminderter Leistungsfähigkeit, deprimierte Stimmung hielt die folgenden Wochen an, dabei blieb das Aussehen müde und blaß; objektiv bestanden keine Krankheitserscheinungen mehr. Die Temperatur wurde nicht gemessen und wesentliche Steigerungen über die Norm sind sicher nicht vorhanden gewesen. Dagegen muß eine größere Labilität der Temperatur an bestimmten Tagen bestanden haben, da geringe körperliche Anstrengung schon Schweißausbruch zur Folge hatte, auch gelegentlich kurzes Frösteln auftrat. Schienbeinschmerzen bestanden nicht. Dieser Zustand latenter Infektion dauerte bis zum 12. III., als sich plötzlich ziemlich heftige Schienbeinschmerzen einstellten. Unter starken Kopfschmerzen und Frösteln stieg die Temperatur wiederum an, blieb in der Nacht und am folgenden Morgen noch hoch, um dann langsam zu sinken. Wiederum war eine leichte Milzvergrößerung wahrnehmbar. Danach trat im Verlauf von mehreren Wochen volle Erholung ein, ohne daß es nochmals zu einem erneuten Anfalle gekommen ist. —

Die Zusammengehörigkeit der beiden Paroxysmen zu ein und derselben Infektion ist bei den charakteristischen während des Intervalles anhaltenden Beschwerden offensichtlich, eine Neuinfektion war schon aus äußeren Gründen so gut wie sicher ausgeschlossen.

Das Verhalten der Temperatur während des Intervalles ist nicht immer gleichmäßig. Untertemperaturen, wie sie bei Malaria nach dem Anfall sehr häufig sind, kommen hier nur selten vor. Gewöhnlich sind die Tagesschwankungen größer als in der Norm und Erhöhungen auf 37 ^{0} und einzelne Zehntelgrade darüber sind besonders im späteren Stadium der Erkrankung sehr häufig. — Je kürzer die Anfälle sind, um so beschwerdefreier ist im allgemeinen die fieberfreie Periode, allerdings pflegen die neuralgiformen Schmerzen und die Schienbeinschmerzen häufig gerade im Intervall zwischen den späteren Anfällen zuzunehmen.

II. Die typhoide Verlaufsform. Von der eben geschilderten paroxysmalen Form ist als zweite Gruppe die typhoide Verlaufsform zu unterscheiden. Die Zugehörigkeit dieser in ihrem Fieberverlauf von der ursprünglich allein bekannten paroxysmalen Verlaufsart stark abweichenden Fälle zum wolhynischen Fieber konnte erst erkannt werden, nachdem die gesamte Symptomatologie des wolhynischen Fiebers an einem größeren Material sichergestellt war. Dabei ergab sich, daß alle wesentlichen Züge, die für die paroxysmale Form als charakteristisch gelten durften, auch hier wiederzufinden waren. Es war dazu ferner eine längere Beobachtungszeit der einzelnen Fälle erforderlich, wobei sich herausstellte, daß Übergänge zwischen beiden Verlaufsarten bei einem und demselben Falle fast stets nachzuweisen sind: auf einen typhoiden Verlauf im Anfang kann ein paroxysmaler folgen, und umgekehrt kann sich an einen oder mehrere Paroxysmen nach mehr oder weniger regelmäßigen Intervallen eine typhoide Fieberbewegung anschließen. Die dadurch gegebene Erweiterung des Krankheitsbegriffes über den zuerst von His und Werner gezogenen Rahmen hinaus gründet sich also in erster Linie auf die klinisch-symptomatologische Übereinstimmung aller dieser Fälle. — Es ist wichtig, das hervorzuheben, weil diese Tatsache von der späteren Kritik, besonders von Munk und Schilling, zu unrecht außer acht gelassen worden ist. Unsere Auffassung erfuhr später durch experimentelle, epidemiologische und ätiologische Tatsachen noch weitere Stützen, so daß meines Erachtens heute an ihrer Richtigkeit nicht mehr zu zweifeln ist.

Die Berechtigung, die hierher gehörigen Fälle als eine Gruppe mit besonderer Verlaufsart von den einfach paroxysmalen abzusondern, ergibt sich zunächst aus der äußerlichen Verschiedenheit der Temperaturkurve, die so weit gehen kann, daß man ohne Kenntnis der übrigen klinischen Symptome, ausschließlich nach der Fieberbewegung urteilend, kaum annehmen sollte, daß es sich hierbei um ein und dieselbe Krankheit handeln könnte. Allerdings bleibt auch hier, wie ich immer und in voller Übereinstimmung mit Goldscheider und Schittenhelm betont habe — das wesentliche Merkmal des Ablaufs des wolhynischen Fiebers, der periodische Charakter aller Krankheitserscheinungen, ebenfalls gewahrt. Die Erkennung dieses Verhaltens ist jedoch vielfach sehr erschwert und häufig erst dann möglich, wenn man den Verlauf der ganzen Erkrankung von Anfang bis zu Ende verfolgen kann. Außerdem kommt noch ein innerer Grund hinzu, der die Abtrennung dieser besonderen Verlaufsform rechtfertigt. Die gegenüber der paroxysmalen Form in diesen Fällen veränderte Fieberreaktion ist zurückzuführen auf Besonderheiten der Parasitenentwicklung und auf Eigentümlichkeiten der durch die Krankheitserreger im Körper ausgelösten Wirkungen; doch soll darauf erst in einem späteren Abschnitte (Pathogenese) unter Bezugnahme auf entsprechende experimentelle und ätiologische Daten genauer eingegangen werden. —

Die typhoide Verlaufsform findet sich besonders häufig im Beginn der Erkrankung und daher kommt es, daß die ersten Beobachtungen darüber von den Ärzten bei der Truppe und in den Feldlazaretten gemacht wurden, die allein Gelegenheit hatten, solche Fälle zu sehen und weiter zu verfolgen (Sachs, Richter, Arneth, Brasch).

Ich selbst verdanke die Kenntnis der ersten Stadien der Erkrankung auch fast nur den Erfahrungen, die ich an der Front selbst gemacht habe. Wenn die Kranken in die rückwärtigen Lazarette gelangen, ist es in vielen Fällen nicht mehr möglich, genaue Angaben über den Krankheitsbeginn zu erhalten. Das Urteil über die Variabilität des Krankheitsbildes mußte daher notwendigerweise zunächst einseitig und unvollständig bleiben. Unsere Auffassung wurde dann aber von allen, die sich eingehender mit der Erkrankung beschäftigen, z. B. Brasch, Goldscheider, Schittenhelm und Schlecht, Roos, Mosler, Koch u. a. bestätigt.

Der Fieberverlauf ist in einem Teil der Fälle gekennzeichnet durch ein mehrtägiges kontinuierliches oder remittierendes Anfangsfieber, das unter Schüttelfrost und den schon bekannten Allgemeinerscheinungen einsetzt und rasch den Gipfel erreicht. Die Fieberdauer ist in den einzelnen Fällen verschieden. 3- und 4 tägige Perioden sind am häufigsten, 5- und 6 tägige kommen aber auch gelegentlich vor (Abb. 8 und 9). Die häufigen Schwankungen der

Temperatur während dieses Zeitraumes, die gewöhnlich mehr als 1 Grad betragen, aber nur bei häufigen Messungen am Tage und in der Nacht zum Ausdruck kommen, verraten sich subjektiv durch wiederholtes Frösteln, dem jedesmal nach wenigen Stunden ein leichter Schweißausbruch folgt (vergl. Abb. 21). In einzelnen Fällen können die Temparaturschwankungen so groß werden, daß bei den Senkungen ganz oder fast ganz die Norm erreicht wird. Es resultiert dann eine intermittierende Fieberkurve, wie wir sie sonst bei bakteriell-septischen Infektionen zu sehen gewöhnt sind. Die Kranken sind in diesen Fällen nach dem Abklingen des Fiebers meistens mehr geschädigt, als es sonst der Fall zu sein pflegt. Überhaupt treten

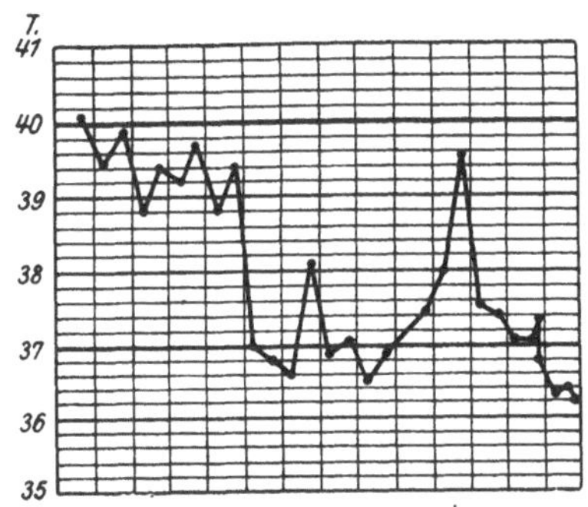

Abb. 8. Typhoides Anfangsfieber mit nachfolgendem paroxysmalen Verlauf.

in den Fällen mit typhoidem Fieberverlauf die nervösen Allgemeinerscheinungen stärker hervor, Somnolenz, Delirien, Krämpfe und Meningismen gehören hier im Beginne viel mehr zum Krankheitsbild, als bei den einfachen kurzen Fieberparoxysmen.

Im weiteren Verlauf folgen dann gewöhnlich nach einem 5—10-tägigen Intervall erneute Fieberbewegungen. Im allgemeinen läßt sich aber sagen, daß je schwerer das Anfangsfieber gewesen ist, um

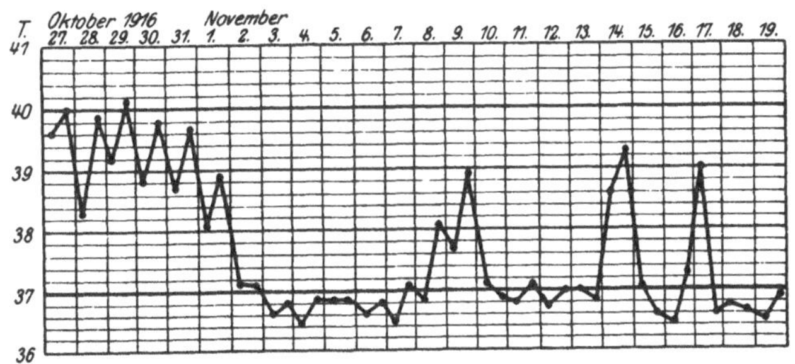

Abb. 9. Typhoides Anfangsfieber mit nachfolgendem paroxysmalen Verlauf.

so milder die späteren Relapse verlaufen, auch ihre Zahl ist dann gewöhnlich geringer. Aber auch in dieser Beziehung bestehen keine festen Gesetzmäßigkeiten.

Die typhoide Fieberform kommt im weiteren Verlauf der Erkrankung entweder im Abstand der üblichen Intervalle nach dem mehrtägigen Anfangsfieber oder nach anfänglich paroxysmalem Verlauf zur Beobachtung. Die Dauer dieser Fieberbewegungen ist sehr

variabel, sie schwankt von 4—6 Tagen bis zu 2 und 3 Wochen.
Nach mehreren fieberfreien Tagen können sich ähnliche Fieberschübe
ein- oder mehrmals wiederholen.

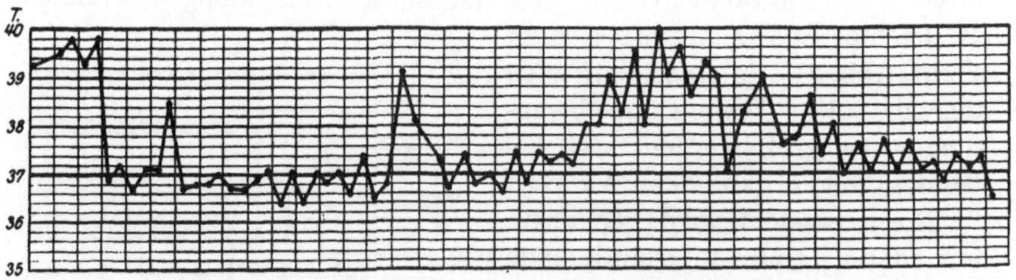

Abb. 10. Typhoide Verlaufsform, „Wellenförmige Kurve".

Die kürzeren Fieberperioden von 4—6 und 8 Tagen lassen
noch am meisten eine gewisse Regelmäßigkeit erkennen. Es handelt
sich, im ganzen betrachtet, um eine wellenförmige, langsam

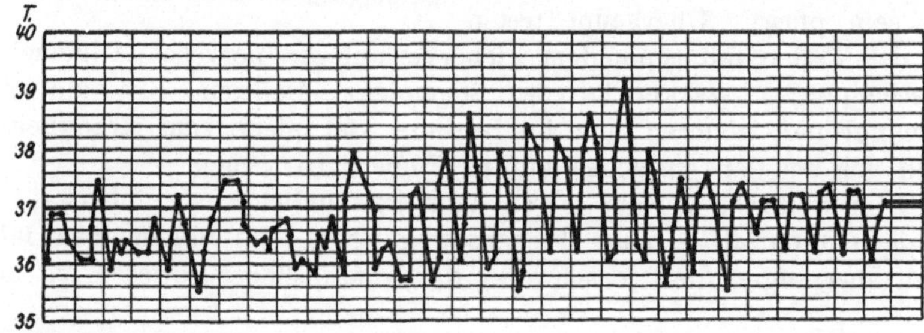

Abb. 11. Typhoide Verlaufsform mit großen, „septischen" Intermissionen.

ansteigende und absteigende Kurve mit nicht allzugroßen
Intermissionen, wie sie schon Werner und Brasch wiedergegeben

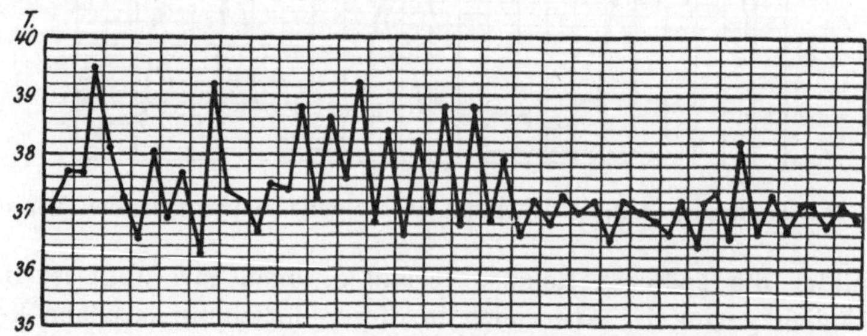

Abb. 12. Typhoide Verlaufsform (Paroxysmen vorher und nachher) mit starken
Intermissionen.

und nachher außer uns auch Goldscheider, Schittenhelm, Sachs
und Richter beschrieben haben (Abb. 11 u. 12).

Unregelmäßiger wird das Bild schon, wenn die Intermissionen größer werden, so daß auch in diesem Stadium der Erkrankung ein septischer Fieberverlauf zustande kommt, oder die Fieberperiode an sich länger dauert (Abb. 11 u. 12). Aber auch hierbei läßt sich in der Regel eine gewisse Periodizität herauserkennen, indem in mehr oder weniger großen Intervallen besonders hohe Temperaturzacken ins Auge fallen. Eine ähnliche Kurve entsteht ferner, worauf auch Goldscheider hingewiesen hat, dadurch, daß während der Intervalle zwischen zwei Anfällen das Fieber gar nicht erst absinkt, sondern in mehr oder weniger großen Schwankungen sogleich zum nächsten Anfall überleitet (Abb. 13).

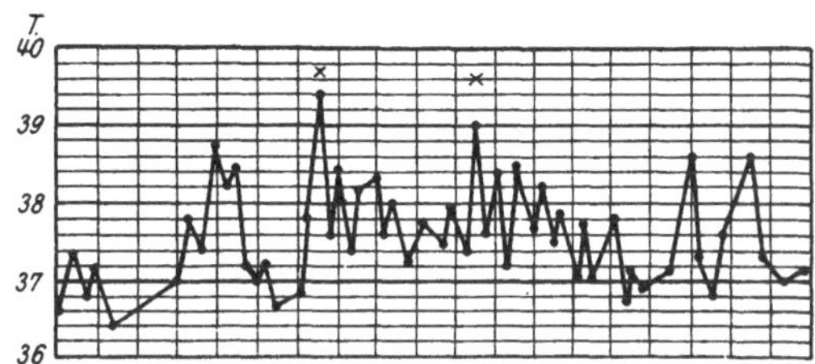

Abb. 13. Typhoide Verlaufsform, Verschmelzung zweier Anfälle.

Trotz dieses verschiedenen Fieberverlaufs sind die klinischen Symptome in den Grundzügen immer die gleichen. Wir finden ebenfalls die vagen, in den verschiedensten Muskel- und Nervengebieten lokalisierten Schmerzen, am häufigsten wie immer den Schienbeinschmerz, und auch hier kann man periodisch während der Fieberzeiten Steigerungen und Abschwächungen aller Symptome beobachten. Eine Besonderheit dieser Fälle besteht aber darin, daß die Schwellung der Leber und die Vergrößerung der Milz oft besonders augenfällig ist und auch die Schmerzen im Leib und am Rippenbogen, die darauf zu beziehen sind, zuweilen so heftig werden, daß jede Berührung, ja schon die Bewegung der Bauchdecken bei der Atmung äußerst schmerzhaft empfunden wird. Der Krankheitsverlauf ist überhaupt im ganzen ein schwererer und langwierigerer, die Kranken magern viel stärker ab, werden durch das lange Fieber mehr geschwächt und sie leiden auch psychisch durch die vielen Schmerzen und die Schlaflosigkeit heftiger.

Wir sehen also eine Variabilität des Fieberverlaufs, wie sie nur wenigen anderen Infektionskrankheiten zukommt. Es ist danach ohne weiteres einleuchtend, daß der Name „Fünftagefieber" hier seine Berechtigung verloren hat. Andererseits läßt sich aber doch, wie wir gezeigt haben und aus den Kurvenbeispielen hervorgeht, eigentlich in allen Fällen mehr oder weniger verhüllt, noch eine gewisse Regelmäßigkeit der Fieberbewegung herauserkennen, die in dem kontinuierlichem Anfangsfieber einerseits und den wellenförmig ansteigenden und absteigenden Relapsen andererseits am reinsten zum Ausdruck kommt.

Wenn wir diese Form als Grundtypus dieser Verlaufsart festhalten, erkennen wir die große Ähnlichkeit des Fieberverlaufs mit der Typhuskurve, besonders mit dem Verlauf der im Kriege so häufigen leichten Formen. In der Tat hat eigene und anderer Erfahrung gelehrt (Fleischmann, Goldscheider, Schittenhelm), daß nicht wenige Fälle von wolhynischem Fieber an der Ost- wie an der Westfront früher fälschlich als Typhus angesprochen worden sind. — Um dem für die Folge vorzubeugen und an und für sich zum Ausdruck zu bringen, daß ein typhusähnlicher Fieberverlauf auch bei wolhynischem Fieber vorkommt, wurde der Name typhoide Verlaufsform gewählt. Es ist das nicht gleichbedeutend mit „typhösem" Fieberverlauf, wie irrtümlicherweise in manchen Arbeiten später zitiert worden ist. Denn bei genauer Gegenüberstellung ergeben sich allerdings, wie Goldscheider ausführlich dargelegt hat und ich auch selbst immer betont habe, manche Unterschiede, die den Fieberverlauf bei wolhynischem Fieber und Typhus unterscheiden. Es soll auch nicht etwa in symptomatologischer Beziehung eine „typhöse" oder „typhoide" Form des wolhynischen Fiebers unterschieden werden, wie wir z. B. von einer typhösen Form des Paratyphus im Gegensatz zur gastro-intestinalen, oder einer typhösen Form der Cholera oder dem biliösen „Typhoid" der Rekurrens sprechen; vielmehr sind die Symptome des wolhynischen Fiebers in allen Fällen im wesentlichen immer dieselben, vom Typhus grundverschieden und bei strenger Berücksichtigung aller Kriterien (vgl. Differentialdiagnose) leicht zu trennen. Die Ähnlichkeit bezieht sich dagegen ausschließlich auf den Fieberverlauf und ich halte es für besser, sie im Namen selbst zum Ausdruck zu bringen und dadurch gleich eine bestimmte, an Bekanntes anknüpfende, bildhafte Vorstellung zu erwecken, als farblos von einem atypischen Verlauf des wolhynischen Fiebers zu sprechen, indem die paroxysmale Form a priori als die normale angenommen wird.

Die absolute Häufigkeit der einen und der anderen Verlaufsart anzugeben ist schwierig; Übergänge der einen Form in die andere im Verlaufe der Erkrankung sind recht häufig. Wie überall, wo wir zu systematisieren versuchen, beobachten wir auch hier, daß die Unterschiede fließend sind, so daß es schwer wird, alle Fälle in das Schema einzupassen. — Es bleibt auch zu berücksichtigen, daß wir in den rückwärtigen Lazaretten, die bei stabiler Lage an der Front vorzugsweise die schweren und langwierigen Fälle zugewiesen bekommen, die typhoiden Formen häufiger antreffen, während wir die leichteren, paroxysmalen zahlreicher in den Feldlazaretten und

Truppenrevieren finden. In meinem Material finden sich 20 %
typhoide Verlaufsformen, 47 % paroxysmale Formen, Übergänge in
33 % der Fälle, davon vorwiegend paroxysmal 12 %, vorwiegend
typhoid 21 %.

Besonders wichtig sind aber auch die Angaben der Frontärzte,
weil sie am ehesten alle Verlaufsarten vom Beginne an zu beobachten
in der Lage sind. Alle, die die Zugehörigkeit typhoiden Fieberverlaufs überhaupt erkannt haben, betonen die Häufigkeit dieser Verlaufsform; Sachs z. B. sah solche Fälle viel häufiger als die
paroxysmalen, bei den Engländern waren die letzteren ebenfalls bei
weitem in der Minderheit. Auch Richter machte an seinem Material
die gleiche Erfahrung (er sah in 45 % seiner Fälle 5 tägige Intervalle, in 21 % weniger charakteristischen, in 34 % ganz unregelmäßigen Verlauf).

III. Die rudimentäre Verlaufsform. Die Mannigfaltigkeit des
Fieberverlaufs beim wolhynischen Fieber ist durch die Unterscheidung der paroxysmalen und typhoiden Verlaufsformen noch
nicht genügend zum Ausdruck gebracht. Außer diesen beiden Formen
gibt es überall da, wo die Erkrankung auftritt, eine große Reihe
von Fällen, die im ganzen denselben Symptomenkomplex aufweisen,
ohne daß die fieberhafte Reaktion des Organismus zunächst augenfällig ist. Diese Verlaufsform
ist als rudimentäre zu be-
zeichnen. Sie bildet entweder
das lange Endstadium vorher
typisch paroxysmalen oder typhoiden Verlaufs oder es fehlen
während der ganzen Erkrankung, abgesehen von einer kurzen initialen Fieberperiode, die

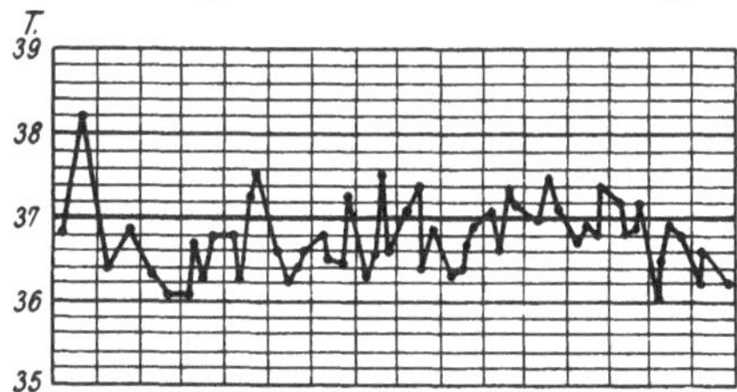

Abb. 14. Rudimentäre Verlaufsform.

häufig der Beobachtung entgeht oder als Grippe, Influenza, Erkältungs-
fieber und ähnliches angesprochen wird, wesentliche Temperatursteigerungen überhaupt (Abb. 14). Es handelt sich um Kranke, die vielfach gar nicht in Lazarettbeobachtung kommen, oder wenn sie sich
krank melden, schon geraume Zeit vorher unter ihren Beschwerden
gelitten haben. Sie sind in reduziertem Ernährungszustand, blaß,
matt und reizbar, bringen allerhand nervöse Beschwerden vor,
klagen über Herzklopfen, Kopfdruck, Schwindelgefühl, Schlaflosigkeit, gedrückte Stimmung und sind lange Zeit hindurch körperlich
und geistig leistungsunfähig. Alle leiden sie unter mehr oder weniger
ausgeprägten ziehenden Schmerzen in den Gliedern und sehr viele
von ihnen klagen über ausgesprochene Schienbeinschmerzen. Es ist
also der gleiche Zustand, den wir durch Wochen hindurch bei unsern
Kranken nach hochfieberhaftem Verlauf auch sehen, der aber an und

für sich doch so wenig Charakteristisches bietet, daß man meistens eher an eine allgemeine nervöse Erschöpfung oder körperliche Überanstrengung, denn an eine akute Infektion denken sollte, wenn man von den überstandenen Fiebertagen nichts erfährt.

Bei längerer Lazarettbehandlung und genauer Temperaturmessung wird das Bild erst klarer. Es zeigt sich dann, daß auch in diesen Fällen alle Beschwerden periodisch wechseln. Auf anfallsweise Steigerungen folgen mehr oder weniger regelmäßige Intervalle, während derer das Befinden sich gebessert zu haben scheint. Die objektive Untersuchung ergibt häufig eine Milzvergrößerung, die auch nicht an allen Tagen in gleicher Weise nachweisbar ist, ausgesprochene Druckschmerzhaftigkeit am unteren Schienbeindrittel oder der großen Nervenstämme und bestimmter Muskelpunkte an den Armen und Beinen. Vor allem aber zeigt sich, daß auch hier gewöhnlich kleine Temperatursteigerungen, von Schweißausbrüchen gefolgt, der Verschlechterung des Befindens parallel gehen, obwohl die Kranken sich dessen oft kaum bewußt werden. Schließlich treten ebensolche anfallweise Steigerungen der subjektiven Beschwerden auch ganz ohne Fieber auf, die aber doch bemerkenswerterweise wieder mit allgemeinen oder auf die Unterschenkel lokalisierten Schweißausbrüchen nachlassen.

Ein typisches Beispiel derartigen Verlaufs gibt die folgende Beobachtung:

Lt. A. Weilte vom 5. I. 17 bis 23. I. 17 in militärischen Dienstauftrag in Deutschland, fühlte sich am 10. I. 17 den Tag über nicht wohl, klagte über Gliederreißen, Kopfschmerzen, achtete aber nicht weiter darauf und konnte seiner Tätigkeit nachgehen. In der Folgezeit dauernd matt, fühlte sich leistungsunfähig, schlechter Appetit, schlechter Schlaf, wechselnd stärkeres Reißen besonders in den Beinen, das er für Rheumatismus hielt. Nach der Rückkehr zur

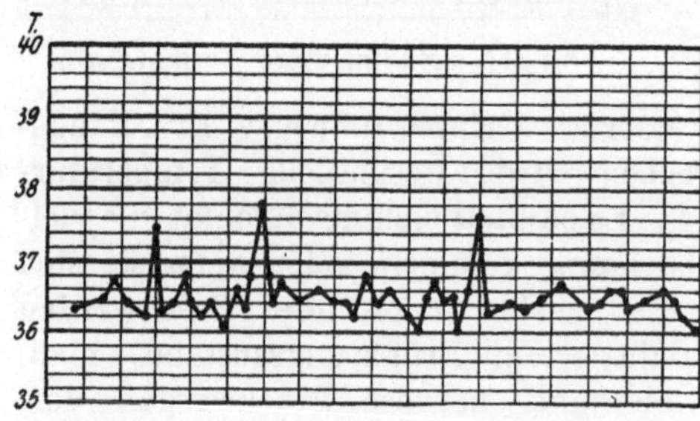

Abb. 15. Rudimentäre Verlaufsform.

Truppe Zunahme der Beschwerden, zeitweise Schmerzen in der linken Seite. Da das Befinden sich nicht besserte, am 4. II. 17 zur Einleitung eines Heilverfahrens wegen allgemeiner nervöser Erschöpfung dem Lazarett überwiesen. Befund: Kräftiger Mann, etwas reduzierter Ernährungszustand, leicht blasses, müdes Aussehen, Brustorgane o. B. Leber o. B., Milz deutlich fühlbar, vergrößert, auf Druck schmerzhaft (Stiche links hinten unten beim tiefen Atmen). Urin o. B., Stuhl, Urin, Blut Ty. negativ. Klagt über leicht ziehende Schmerzen in Armen und Unterschenkel, Druck auf den unteren Teil des Deltoides rechts und links schmerzhaft, Druck auf die innere Kante des Schienbeines am unteren Drittel rechts und links ausgesprochen schmerzhaft. Temperatur zunächst ganz normal (Abb. 15). Trotzdem wird der Verdacht auf wolhynisches Fieber ausgesprochen. 4 malige Temperaturmessung.

Die Beschwerden wechseln an den folgenden Tagen, am 9. II. stärkere Kopfschmerzen und Beinschmerzen, abends 7 Uhr Temperatur 37,8. An den folgenden Tagen Besserung, am 15. II. abends unter den gleichen Symptomen wieder
37,6. Von da ab fieberfrei und geheilt.

Offenbar bestanden schon vor der Lazarettaufnahme ähnliche
Fieberattacken, die aber nie so stark waren, daß sie ärztliche Behandlung erforderten. Die infektiöse Ursache der Beschwerden blieb
daher zunächst verborgen. Während des Lazarettaufenthaltes wären
die kleinen Fieberzacken bei seltenerer Temperaturmessung ebenfalls der Beobachtung entgangen und die Erkrankung selbst leicht
falsch gedeutet worden.

Wegen der unbestimmten Symptomatologie ist auch die Zugehörigkeit dieser rudimentären Fälle zum wolhynischen Fieber lange
Zeit hindurch unbekannt geblieben. Man faßte sie als Muskelrheumatismus, nervöse Beschwerden oder Erschöpfungszustände auf.
Die Beinschmerzen, die seit dem Winter 1915 im Osten und Westen
in zunehmender Häufigkeit bei den Fronttruppen beobachtet wurden
und gerade bei dieser Form oft isoliert aufzutreten scheinen oder
wenigstens dem Arzt als hauptsächlichstes subjektives Krankheitszeichen angegeben werden, waren damals ihrem Wesen nach noch
unbekannt. Sie wurden zunächst auf mechanische Ursachen (langes
Stehen in den Schützengräben, Druck der Gamaschen oder hohen
Stiefel) oder auf Kälteeinwirkungen und Nässe zurückgeführt (Schrötter, Stransky, Sittmann).

Ihre infektiöse Natur erkannte in Österreich zuerst Grätzer,
der schon im Dezember 1914 auf diese Fälle aufmerksam wurde (an
der Nida). Er beschreibt schon die ein- oder mehrtägige Fieberperiode
im Beginn, der mehrere leichte Rezidive in verschieden großen Intervallen folgten, und die Milzschwellung. Unabhängig davon betonten
bei uns Kraus nud Citron als erste die infektiöse Ursache der
Beinschmerzen. Auch sie wiesen hin auf das Vorkommen wiederholter
Fieberschübe, die häufig vorhandene Milzschwellung und die große Zahl
der Fälle bei bestimmten Truppenteilen. Wenn auch die von ihnen
damals ausgesprochene Auffassung, daß es sich um eine besondere,
in sich abgeschlossene Krankheit handelte, der sie den Namen
„Ostitis infectiosa" gaben, heute nicht mehr haltbar ist, so kann
nach allen Erfahrungen doch kein Zweifel bestehen, daß auch
hier Fälle von wolhynischem Fieber vorgelegen haben, die nur
wegen der Besonderheiten ihres Verlaufs und der Einförmigkeit
ihrer geringen Symptome damals noch nicht als solche erkannt
werden konnten. Bei den Fällen, die Arneth als eigenartige In-
fluenzaformen beschreibt, standen weniger die Beinschmerzen im
Vordergrund als neuralgiforme Beschwerden und Gelenkschmerzen,
ohne daß die Gelenke selbst Veränderungen aufwiesen. Nach der
Beschreibung des ganzen Krankheitsbildes handelte es sich aber

auch hier, wie Arneth später selbst erkannte, um nichts anderes
als besonders leichte rudimentäre Formen des wolhynischen Fiebers,
wie schon die gleichzeitig vorkommenden und symptomatisch prinzipiell ähnlichen, voll ausgebildeten paroxysmalen und typhoiden
Formen bewiesen.

Die zahlreichen Mitteilungen von den verschiedenen Kriegsschauplätzen über diese anfangs unter den verschiedensten Bezeichnungen gehenden, dem Fieberverlauf nach so besonders leichten Formen
des wolhynischen Fiebers weisen schon auf die große Verbreitung
und Häufigkeit gerade dieser rudimentären Erkrankungsform hin.

Grätzer sah in kurzer Zeit bei seinem Bataillon etwa 200 Fälle.
Nach Joachim betrug ihre Zahl zeitweise 20 % aller Erkrankungen
überhaupt und auch für den Bereich unserer Armee dürfte die
gleiche Schätzung keinesfalls zu hoch sein. Sie bleibt sogar aller
Wahrscheinlichkeit nach noch weit hinter der Wirklichkeit zurück,
weil nach meiner eigenen Erfahrung, die sich übrigens auch mit
der Ansicht von Schittenhelm und Schlecht deckt, der weitaus
größte Teil gerade dieser Fälle, die ganze Erkrankung ambulant
durchmacht und entweder überhaupt nicht zu ärztlicher Behandlung
kommt oder höchstens während einiger Tage, wobei aber wieder all-
zu oft die eigentliche Natur der Erkrankung unerkannt bleibt. Der
statistischen Erfassung dieser Verlaufsform stehen daher die größten,
kaum vermeidbaren Schwierigkeiten entgegen.

Mund-, Rachen- und Atmungsorgane.

Mund-, Rachen- und Atmungsorgane weisen beim wolhynischen
Fieber nur unwesentliche Krankheitserscheinungen auf. Während
der ersten Fieberanfälle besteht gewöhnlich eine mehr oder weniger
starke Rötung und Schwellung des ganzen Schlundringes und des
angrenzenden weichen Gaumens. Es scheint mir aber zu weitgehend,
deswegen, wie Richter, von einer spezifischen Angina zu sprechen,
zumal jeder Belag auf den Tonsillen und jede Schwellung der
regionären Lymphdrüsen fehlt. In 1—2 Tagen bietet die gesamte
Schleimhaut schon wieder das normale Bild.

Ein besonderes Rachensymptom hat Buchbinder beschrieben: er
beobachtete bei einer Anzahl von Fällen in einer dreieckigen Zone der
Gaumenschleimhaut oberhalb der Uvula zahlreiche stecknadelkopfgroße
und noch kleinere wasserhelle, stark lichtbrechende Bläschen, die teils
gruppenweise, manchmal auch reihenförmig angeordnet sind. Ich selbst
habe das Symptom nie feststellen können und auch Buchbinder hat
es später vermißt. Eine pathognomonische Bedeutung kommt ihm
daher jedenfalls nicht zu. Während der späteren Anfälle oder

längeren Fieberperioden fehlen überhaupt gewöhnlich alle Rachen-
erscheinungen. Spontan äußern die Kranken niemals Schluckbe-
schwerden oder Schmerzen im Halse.

Auch das Verhalten der Zunge bietet nichts Charakteristisches.
Während des Fiebers, besonders im Beginn der Erkrankung, ist sie
gewöhnlich stark belegt und trocken, jedoch hat weder das Aussehen
des Belages noch seine Form irgendwelche Besonderheiten, die nicht
ebenso auch bei anderen fieberhaften Krankheiten vorkämen. —

An den Atmungsorganen finden sich keine schweren krankhaften
Veränderungen. Schnupfen im Beginn der Erkrankung ist sehr selten
und wahrscheinlich jedesmal eine rein zufällige Begleiterscheinung.
Häufig bestehen leichte katarrhalische Erscheinungen seitens der
oberen und mittleren Bronchien, die sich in einem Gefühl von Atemnot, Stichen auf der Brust oder Hustenreiz äußern und zur Abson-
derung einer mehr oder weniger großen Menge eines rein schleimigen
Sputums führen, das aber keine besonderen Beimengungen enthält.
Bemerkenswerterweise stellen sich diese Symptome unmittelbar mit
dem Fieberanfall ein und verschwinden auch wieder mit diesem.

Hiervon zu unterscheiden sind die bronchitischen Geräusche
über den Lungen, die längere Zeit hindurch anhalten.

Ausgedehntere Erkrankungen, insbesonders pneumonische Infiltrationen habe ich unter meinem Material nie gesehen. B r a s c h erwähnt allerdings solche Fälle. Man kann jedoch die Erfahrung
machen, daß die Häufigkeit und die Ausdehnung dieser katarrhali-
schen Prozesse in den verschiednen Jahreszeiten wechselt. Man
sieht sie meistens im Herbst und Frühjahr bei unbeständiger Witterung
und es ist mir am wahrscheinlichsten, daß es sich hierbei nur
um Gelegenheitssymptome handelt, die durch Erkältungseinflüsse
bedingt sind und mit der Krankheit an und für sich nichts zu tun
haben, im Gegensatz zu den ersterwähnten paroxysmalen Bronchial-
absonderungen. Dafür würde auch sprechen, daß im weiteren Verlauf der Erkrankung, wenn die Kranken sich in stabilen Lazaretten
befinden und den Schädlichkeiten eines Transportes im Fieber bei
schlechter Witterung nicht mehr ausgesetzt sind, alle bronchitischen
Symptome sehr rasch verschwinden, ohne bei den späteren Anfällen
wiederzukehren.

Zirkulationsorgane.

Das Verhalten der Zirkulationsorgane bietet manche Besonderheiten, die eine ausführliche Behandlung erfordern.

Während der einzelnen kurzen Fieberanfälle findet sich in der
Regel eine Pulsbeschleunigung, die dem Grade der Fiebersteigerung
entspricht. Am Herzen besteht währenddessen eine verstärkte Aktion,
gelegentlich einmal ein leises akzidentelles Geräusch an der Spitze.

Der Blutdruck ist etwas vermindert (Stiefler und Lehndorf). Mit dem Abklingen des Fiebers ist der Befund sehr bald wieder normal. Erhebliche Pulsbeschleunigungen und Änderung der Qualität des Pulses mit gleichzeitiger Beeinträchtigung des Kreislaufes gehören während der Fieberperioden zu den größten Ausnahmen.

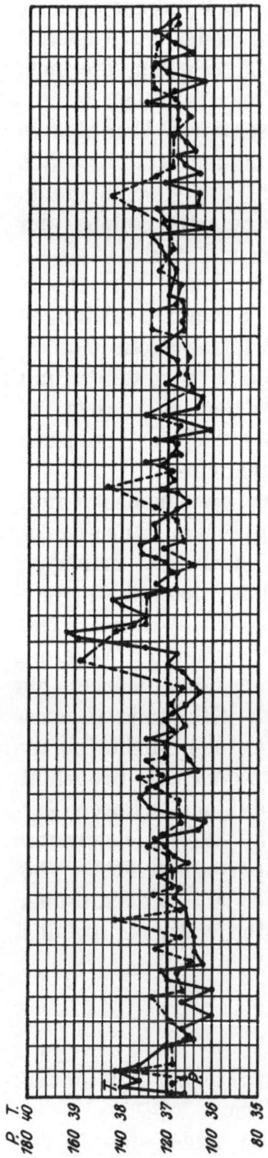

Mir selbst ist nur ein derartiger Fall in Erinnerung: es handelte sich um einen an sich nervösen, sehr leicht erregbaren Leutnant, dessen Erkrankung ganz plötzlich mit einer Ohnmacht begann. Während das Fieber rasch auf 40° stieg, schnellte der Puls auf über 160 in die Höhe, wurde klein und unregelmäßig, gleichzeitig trat Zyanose und Blässe auf. Die Extremitäten wurden kühl und erst auf wiederholte Kampfer- und Koffeininjektionen besserte sich der Zustand. Am folgenden Tage blieb der Puls noch stärker beschleunigt als der Temperatur entsprach, dann schritt aber die Besserung sehr rasch fort und während der späteren Fieberparoxysmen und der Rekonvaleszenz sind krankhafte Erscheinungen von seiten des Herzens oder Gefäßsystems nicht mehr aufgetreten.

Im Intervall besteht, besonders unmittelbar nach dem Fieber und im Anfang der Erkrankung eine leichte Pulsverlangsamung auf 54—60 Schläge. Sie ist also nicht so deutlich ausgesprochen wie in der Rekonvaleszenz anderer Infektionskrankheiten, z. B. Pneumonie und Scharlach, und auch nicht so fixiert wie dort, sondern weicht schon bei geringen Bewegungen oder aus psychischen Anlässen leicht höheren Zahlen.

Leichte Pulsbeschleunigungen pflegen auch in der Regel den späteren Anfällen kurz vorauszugehen; sie verraten dann, ohne daß der Kranke sonst schon etwas verspürt, das Herannahen des nächsten Paroxysmus. — Wenn gegen das Ende der Erkrankung die Fieberreaktion nur noch gering ist, überschneidet oft die Temperaturkurve die Pulskurve, wie überhaupt leichte Pulsbeschleunigungen in diesem Stadium häufig sind.

Abb. 16. „Pulsparoxysmen" z. Tl. als Äquivalente.

Besonders hervorzuheben ist aber die anfallweise Pulsbeschleunigung, die sich nicht selten in der fieberfreien Endperiode der Er-

krankung findet. Es kommen dann in mehr oder weniger regelmäßigen Intervallen echte Pulsparoxysmen vor (Abb. 16 u. 17).
Die Herzfrequenz steigt plötzlich ohne äußeren Grund auf 100—120,
starkes Herzklopfen stellt sich ein, die Erscheinung dauert 3—6 Stunden

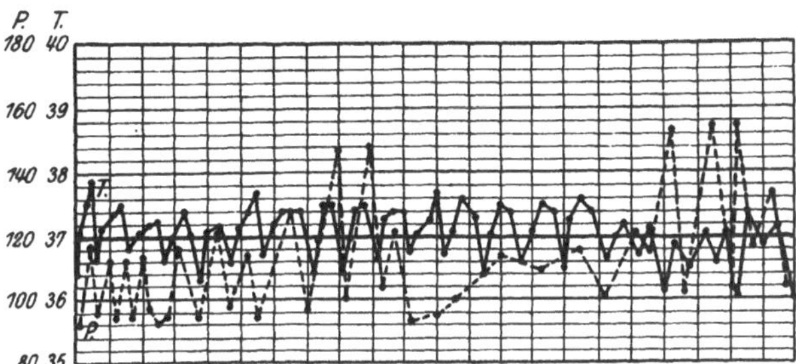

Abb. 17. Anfallweise auftretende Tachykardien bei rudimentärem Verlauf.

und unter Schweißausbruch tritt dann wieder Beruhigung ein. Es
handelt sich um ein Äquivalent eines echten Fieberparoxysmus, wobei
die Reaktion auf das Gefäßzentrum beschränkt bleibt.

In der Rekonvaleszenz besteht im allgemeinen eine große Labilität
des Pulses, Neigung zu Pulsbeschleunigung und Blutdrucksteigerung.

Neben diesen sehr häufig vorhandenen objektiven Funktionsän-
derungen des Herzens und des Gefäßsystems finden sich in einem Teil
der Fälle noch besondere Störungen der Zirkulationsorgane, die die
mannigfachsten subjektiven Erscheinungen auslösen. Am eingehendsten
hat sich J. Fischer, zum Teil unter Benutzung unseres eigenen
Krankenmaterials damit beschäftigt. Die Resultate seiner Untersuchungen sollen hier in Kürze wiedergegeben werden. Es fanden
sich derartige besondere Herzbeschwerden unter 807 Fällen 67 mal,
also in 8,3 %. Die Kranken klagen über Herzklopfen, Stiche in der
linken Brustseite, Druck und Beklemmungsgefühl auf der Brust und
Atemnot. Auch nachts weichen diese Beschwerden nicht, sie können
sogar in seltenen Fällen sich ähnlich wie Angina pectoris-Anfälle
äußern. Dabei besteht gewöhnlich eine deutliche Tachykardie, sowohl
während der fieberfreien Zeiten als auch, und dann entsprechend
stärker, während der Fieberperiode selbst. Auch bei andauernder
Bettruhe sind Pulszahlen von 120—130 das Übliche. Dabei wechselt
die Frequenz oft in kurzen Zwischenräumen, zuweilen hält aber die
Pulsbeschleunigung auch tagelang unvermindert an, sie nimmt sogar
trotz Bettruhe mit der Dauer der Erkrankung gelegentlich noch zu.
Der Blutdruck ist in den meisten dieser Fälle (40 von 67) leicht
erhöht und schwankt zwischen 130—150 mmHg; auch der diastolische
Druck ist gewöhnlich etwas gesteigert.

Der Puls fühlt sich dann entsprechend gespannt an, obwohl er klein ist.
Der Spitzenstoß ist verstärkt, zuweilen erschütternd. Die Herzaktion bleibt

in den meisten Fällen, abgesehen von einer respiratorischen Arrhythmie, regelmäßig. In 5 Fällen wurden Extrasystolen mit den üblichen unangenehmen Sensationen beobachtet, die aber ziemlich rasch wieder verschwanden. Am Herzen selbst entsprach dem verstärkten Spitzenstoß ein akzentuierter erster Ton an der Spitze, die Basistöne waren zuweilen überlaut, manchmal aber auch, in auffallendem Gegensatz zu dem verstärkten Herzstoß leise. Der erste Herzton an der Spitze war zuweilen unrein, dumpf. Gelegentlich bestand hier und über der Pulmonalis ein inkonstantes, akzidentelles systolisches Geräusch. Die Herzgröße war in 33 Fällen regelrecht, 20 mal fand sich ein eher klein zu nennendes Herz, 14 mal ein etwas vergrößertes. Zunahme der Herzgröße wurde während der Behandlung nur sehr selten beobachtet.

Die Geringfügigkeit des objektiven Befundes steht also im Gegensatz zu der Lebhaftigkeit und Mannigfaltigkeit der geäußerten Beschwerden. Die Inkonstanz und der häufige Wechsel aller Erscheinungen, die Labilität des Pulses, der Blutdruck, die Art der Herzunregelmäßigkeiten — alles das spricht dafür, daß wir es hier nicht mit einer anatomisch bedingten Erkrankung des Myokards zu tun haben, sondern mit nervösen Erscheinungen, wie sie sich in ähnlicher Weise auch im Gefolge anderer Infektionskrankheiten einstellen.

Dieser Auffassung entspricht es auch, daß wir niemals eigentliche Zeichen von Herzschwäche oder der Kreislaufinsuffizienz gesehen haben, wenn sich auch das Herz dieser Kranken bei der Funktionsprüfung als nicht voll leistungsfähig erwies. Die Besonderheit der Herzstörungen liegt also nur in ihrer relativen Häufigkeit. Diese stempelt sie zu einer spezifischen Komplikation des wolhynischen Fiebers. In der späteren Rekonvaleszenz verlieren sich alle Erscheinungen restlos, auch die Wiederaufnahme schwerer körperlicher Arbeit im Frontdienst wird ohne Beschwerden vertragen.

Das Auftreten der Herzstörungen ist in einem gewissen Grade abhängig von der Schwere der vorausgegangenen Erkrankung; je mehr das Allgemeinbefinden gelitten hat, um so häufiger wird auch das Herz- und Gefäßsystem in Mitleidenschaft gezogen. In erster Linie sind also die Fälle der typhoiden Verlaufsart betroffen. Trotzdem haben wir aber auch nach paroxysmalem Verlauf den gleichen Symptomenkomplex gesehen. In vielen Fällen ergab die Anamnese, daß auch schon vor der Erkrankung gelegentlich Herzbeschwerden bestanden hatten; meist handelte es sich um Astheniker und Neuropathen. Zu der speziellen Ursache, die wir bei wolhynischem Fieber in einem das Herznervensystem schädigenden Gift zu suchen haben, kommt also vielfach noch eine individuelle Disposition hinzu, die die Entstehung der Herzstörungen begünstigt.

Verdauungsorgane.

Störungen in den Funktionen des Magen - Darmkanales sind während der Erkrankung derart oft zu beobachten, daß sie zu dem gewöhnlichen Symptomenkomplex hinzuzurechnen sind. Am häufigsten ist eine starke Appetitlosigkeit, die während der Fieberzeiten am ausgesprochensten, aber auch während der Intervalle bis weit in die Rekonvaleszenz hinein anhaltend, die Erholung merklich verzögert. Sie ist gewöhnlich vergesellschaftet mit einer großen Reihe nervöser, auf den Magen und Darm zu beziehender Symptome, wie Druck und Völlegefühl nach dem Essen, schlechter Geschmack im Munde, häufiges Aufstoßen, Flatulenz. Die Stuhltätigkeit ist angehalten, der Stuhl selbst kleinkalibrig, hart geballt. Gelegentliche Magenausheberungen nach Probefrühstück ergaben das Bestehen leichter Hyperazidität.

Im Beginn der Erkrankung kommen während der ersten Fiebertage zuweilen auch Erbrechen und Durchfälle vor. Die Stühle (5—8 pro Tag) sind mehr oder weniger dünnflüssig, aber frei von abnormen Beimengungen. Ohne besondere Maßnahmen bessern sie sich sehr rasch wieder. Auch im weiteren Verlauf kommen gelegentlich noch Durchfälle vor und es ist bemerkenswert, daß sich auch dabei ein periodischer Wechsel zwischen normaler und durchfälliger Stuhlbeschaffenheit zeigen kann. In etwa 3 % der Fälle mit paroxysmalem Verlauf sahen wir, ebenso wie Töpfer, Schittenhelm und Sachs während mehrerer Anfälle prompt mit dem Fieberanstieg 5—6 breiige oder wässerige Stühle auftreten, ohne daß äußere Gründe für eine Darmerkrankung aufzufinden waren. Es handelt sich also offenbar um eine ähnliche, nervös-toxische Beeinflussung der Darmfunktion, wie wir sie bei den Pulsparoxysmen am Gefäßsystem kennen gelernt haben.

In seltenen Fällen treten auch gelegentlich eines Fieberanfalles besonders heftige Schmerzen im Leibe auf, ohne daß es zu Durchfällen kommt. Die Schmerzen werden in die rechte Ileozökalgegend lokalisiert, es besteht heftige Bauchdeckenspannung und leichter Meteorismus, so daß der Symptomenkomplex der akuten Appendizitis vorgetäuscht wird. Auch Schittenhelm und Gräfenberg beobachteten derartige Fälle. Mir selbst sind zwei Fälle bekannt, die deswegen sogar zur Operation kamen. Die Appendix erwies sich als unversehrt und der weitere Verlauf sicherte erst die Diagnose wolhynisches Fieber.

Ebenso wie bei den Herzbeschwerden spielen auch bei der Entstehung der Darmstörungen neben dem ätiologischen Faktor konstitutionelle Momente eine große Rolle. Besonders deutlich zeigt sich das bei der subjektiven Wertung, die die Kranken ihren Beschwerden geben. Schwächliche und nervöse Leute, die auch sonst schon bei allen

möglichen Anlässen über ihren Magen und Darm zu klagen hatten,
werden eher und empfindlicher betroffen, als kräftige und gesunde.

Die Leber.

Vergrößerungen der Leber gehören zu den wichtigsten objektiven
Symptomen der Krankheit. Schon in den Mitteilungen von His und
Werner wurde darauf hingewiesen und alle späteren Autoren haben
diese Angaben bestätigt. Es handelt sich um eine Zunahme des
Lebervolumens, die sich zunächst in einer Vergrößerung der Leberdämpfung äußert. Später ist der untere Leberrand häufig 2—3,
Finger breit unterhalb des Rippenbogens in der Mamillarlinie fühlbar.
Die untere rechte Lungengrenze ist zuweilen durch Hochdrängung
des Zwerchfells weniger verschieblich. Die Berührung der Leber ist
schmerzhaft, auch spontan besteht gewöhnlich eine intensive, auf den
rechten Oberbauch oder den rechten Rippenbogen lokalisierte Schmerzhaftigkeit, die zuweilen nach dem Rücken und der Schulter hin ausstrahlt. Gewöhnlich sind die Veränderungen während der ersten
Anfälle am ausgesprochensten, später werden sie geringer und verschwinden schließlich ganz. Es gibt aber auch Fälle, besonders sind
dies die leicht verlaufenden, bei denen eine Leberveränderung überhaupt nicht nachweisbar wird. Die Zahlenangaben der einzelnen
Autoren weichen in dieser Beziehung stark voneinander ab, was wohl
im wesentlichen auf die verschiedene Krankheitsdauer bei ihren Fällen zu
beziehen ist. Wir selbst fanden deutlich nachweisbare Leberschwellungen
in etwa 60% der Fälle. Bei den paroxysmalen Fällen ist die Erscheinung
am flüchtigsten, sie bildet sich rasch im Verlaufe eines Tages aus
und ist oft mit dem Abklingen des Fiebers meist auch schon wieder
verschwunden. Hartnäckiger und intensiver sind die Veränderungen
in manchen Fällen typhoiden Verlaufs. Die Konsistenz der Leber
wird allmählich härter und der Rand schärfer. Hier sind auch die
von der Leber ausgehenden Schmerzen am anhaltendsten und heftigsten, so daß zuweilen schon die Atembewegung des Bauches und
des Zwerchfelles schmerzhaft empfunden werden. Stets bildet sich
die Lebervergrößerung alsbald nach dem Abklingen des Fiebers
wieder zurück. Spätere Folgeerscheinungen der Lebererkrankung sind
bisher nicht bekannt geworden.

Ich selbst beobachtete nur einen Fall, in dem die Leberschwellung außergewöhnlich lange anhielt. Es handelte sich um einen 25 jährigen Landsturm-
mann. 2 Jahre vor dem Kriege Lues, Hg- und Salvarsan-Kur, seitdem keinerlei
Erscheinungen mehr. Wassermann negativ. Am 2. XI. 16 wolhynisches Fieber,
typisches Krankheitsbild, zunächst paroxysmaler Verlauf ohne Besonderheiten.
Vom 4. Anfall, 29. XI. an unregelmäßiger Fieberverlauf, gleichzeitig heftige
Schmerzen in der Milz und Lebergegend. 5. XII. erneuter Fieberanfall, dem bis
zum 19. XII. typhoider Fieberverlauf folgt. Während der ganzen Zeit Leber
stark vergrößert, überragt 3 Finger den Rpbg. in der Mm. Ln. Mehrere Wochen
danach noch der gleiche Befund, unregelmäßige, subfebrile Temperaturen, er-

hebliche Gewichtsabnahme, fahl - gelbgraues Aussehen. 19. und 27. I. und 8.
II. 18 nochmals kurze Paroxysmen. Während die übrigen Symptome (Milzschwellung, Schienbeinschmerzen) zurückgegangen sind, besteht die Lebervergrößerung unverändert fort. Der Leberrand, der anfangs stumpf und weich
war, nimmt deutlich härtere Konsistenz an, Oberfläche bleibt glatt. Die spontane Schmerzhaftigkeit wechselt, Aussehen bessert sich, bleibt aber noch leicht
graugelbiich. Urin dauernd frei von abnormen Bestandteilen. Patient wurde
am 13. II. 18 in die Heimat entlassen, sein weiteres Schicksal ist unbekannt.
Es wäre nicht undenkbar, daß sich in solchen extrem seltenen Fällen — etwa auf
dem Boden einer alten luetischen Infektion — auch bleibende Veränderung des
Organs an die akute Erkrankung anschließen könnten.

Die Vergrößerung der Leber ist indessen stets das einzige Symptom ihrer Erkrankung. Weitere Folgeerscheinungen gestörter
Funktion (Glykosurie, Urobilinurie) wurden von uns niemals beobachtet, auch Ikterus habe ich selbst nie auftreten sehen, aber
Werner, Brasch und Stintzing berichten über derartige Fälle.

Milz.

Auch die Milz nimmt regelmäßig an der Erkrankung teil.
Die in den meisten Fällen gleich beim ersten Fieberanfall in der
linken Leib- oder Brustseite empfundenen Schmerzen und Stiche
beim Atmen, die nicht selten die irrtümliche Diagnose einer Pleuritis
oder beginnenden Pneumonie veranlassen, sind fast stets auf die
plötzliche Vergrößerung der Milz zu beziehen, deren Kapselspannung
die Schmerzen veranlaßt. Anfangs ist die Vergrößerung des Organs
gewöhnlich nur durch Perkussion nachweisbar, aber in einigen Tagen
nimmt die Schwellung so zu, daß der untere Pol auch palpabel wird.
Im Intervall bildet sich dann die Vergrößerung wieder zurück,
um häufig schon kurz vor dem nächsten Anfall wieder zuzunehmen
und so wiederholt sich dasselbe auch während der folgenden Anfälle.
Es kann aber auch während der fieberfreien Zeiten der Milztumor
bestehen bleiben. Die Größe der Milzschwellung wechselt sehr, auch
bei einem und demselben Falle ist sie zeitweise verschieden. Große
Tumoren, wie man sie bei lange bestehender Malaria findet, sind aber
sehr selten. Die Konsistenz nimmt im Laufe der Erkrankung zu, so daß
der Milztumor eines älteren Falles sich härter anfühlt als der eines
frischen, aber es ist nicht angängig, hier von festen Gesetzmäßigkeiten und charakteristischen Unterschieden zu sprechen. Bei einem
so plastischen Organ wie die Milz es ist, ist die Elastizität der Kapsel
in weitem Maße für die Form und Größe bei sonst gleichen Bedingungen
maßgebend.

Die verschiedenen Verlaufsarten beeinflussen das Verhalten
der Milz ebenfalls nur wenig. Bei den paroxysmalen Fällen ist
vielleicht in einem höheren Prozentsatz die Schwellung nur un-
bedeutend, Schmerzen in der Milzgegend sind aber stets der deutliche

Hinweis darauf, daß eine Volumenzunahme vorhanden ist, obwohl ungünstige Untersuchungsmöglichkeiten (Füllungszustand des Darms, Bauchdeckenspannung) den perkutorischen und palpatorischen Nachweis vereiteln können. So erklären sich wohl auch die verschiedenen Angaben über die Häufigkeit der Milzvergrößerung (10—40%/o). Hat man Gelegenheit, die Fälle nicht nur einmal, sondern während der ganzen Erkrankung zu untersuchen, so wird man kaum in einem Falle die Milzschwellung ganz vermissen.

Bei den typhoiden Formen ist der Milztumor, ähnlich wie die Anschoppung der Leber häufig ausgesprochener und dem Fieber entsprechend von längerer Dauer. Für die rudimentären Fälle ist die Milzvergrößerung bei dem sonst so unbestimmten Symptomenkomplex ein besonders wichtiges, die infektiöse Natur der Erkrankung sofort beweisendes Zeichen.

Die wiederholte Milzuntersuchung ist in klinisch prognostischer Beziehung von großer Bedeutung: solange noch eine Milzvergrößerung besteht, ist mit erneuten Fieberschüben zu rechnen. Die Umkehrung des Satzes trifft allerdings nicht zu, auch nach langen, völlig symptomlosen Intervallen kann ein neuer Fieberparoxysmus die Milz wieder zum Schwellen bringen. Besondere Komplikationen von seiten der Milz, Rupturen der Kapsel, Blutungen aus dem Parenchym und Persistenz des Milztumors kommen nicht vor.

Harnorgane.

Die Harnorgane sind in der überwiegenden Mehrzahl der Fälle gänzlich unbeteiligt an der Erkrankung. In den wenigen Fällen, in denen Störungen auftreten, sind sie nur geringfügig und kurzdauernd. Es handelt sich dann um eine leichte Reizung der Nieren (Korbsch, Sachs, Schittenhelm), die im Anfang der Erkrankung bei hohem Fieber vorkommt und in jeder Weise der unspezifischen, auch bei anderen Infektionskrankheiten zu beobachtenden febrilen Albuminurie entspricht. Formbestandteile im Urin fehlen ganz, es können aber auch einige Tage hindurch wenig zahlreiche hyaline Zylinder auftreten. Echt-entzündliche Erscheinungen, d. h. stärkere Desquamation und Hämaturie habe ich niemals gesehen. Die Eiweißmengen schwanken. Leichte Spuren sind am häufigsten, kurzdauernde stärkere Albuminurien selten. In einem Falle beobachtete ich 7%/oo im Anfange, doch war auch hier der Harnbefund rasch wieder normal. Funktionsstörungen von seiten der Niere, Blutdrucksteigerung, Änderungen des Wasser- und Stickstoffhaushaltes, fehlen vollkommen.

Es ist wichtig das hervorzuheben, weil Sachs, Stühmer und Töpfer einige Fälle mitgeteilt haben, bei denen eine echte hydropische Glomerulonephritis bestand. Sie gehen sogar soweit, aus diesem Vorkommen auf eine Wesensverwandtschaft des wolhynischen Fiebers mit der Kriegsnephritis zu schließen. Abgesehen von allen epidemiologischen Erfahrungen spricht schon die Seltenheit derartigen Zusammentreffens dagegen, vor allem aber auch die einfache Tatsache, daß die febrile Albuminurie im Anfang der Erkrankung weder das Symptom einer bestehenden, noch der Vorläufer einer späteren Nephritis ist. Unter mehr als 2000 Fällen sah ich niemals im Verlaufe oder im Anschluß an das wolhynische Fieber eine Nephritis auftreten. Dagegen finden die Fälle der erwähnten Autoren ohne weiteres ihre Erklärung als zufällige Kombination beider Erkrankungen. Bei der zeitweisen Häufigkeit der Nephritis und der großen Verbreitung des wolhynischen Fiebers gewiß keine auffallende Erscheinung!

Besondere Harnreaktionen sind beim wolhynischen Fieber bisher noch nicht bekannt. Die Diazoreaktion ist stets, auch in hochfieberhaften Fällen negativ. Gallenfarbstoffe fand ich selbst niemals, ebensowenig vermehrte Urobilin- und Urobilinogenausscheidung. Über positive Urochromogenreaktion berichtet Korbsch. Enderle fand bei seinen Fällen den Benze-Jonesschen Eiweißkörper und sieht darin einen Hinweis auf die Alteration des Knochenmarks und die Genese der Schienbeinschmerzen. Ich kann nicht einmal den Befund bestätigen, eine diagnostische Bedeutung kommt ihm jedenfalls nicht zu.

Bemerkenswert sind gelegentlich während der Erkrankung auftretende Blasenstörungen. Richter fand sogar in 17 % seiner Fälle starkes Brennen und Kriebeln in der Spitze der Harnröhre, das bei einigen mit Harndrang einherging, ohne daß eine Urethritis vorlag. Munk teilt einen Fall mit, bei dem während des wolhynischen Fiebers abnormer Harndrang und unwillkürlicher Urinabgang mit nach jedem Anfall überschießender Harnausfuhr sich einstellte. Ähnliche Störungen traten auch bei unseren Fällen zuweilen auf, besonders in den ersten Wochen der Erkrankung. Auch diese Beschwerden wechseln periodisch, verlieren sich aber immer wieder vollständig. Die gleichen Störungen beobachteten auch Reitler und Kolischer. Die Blasenbeschwerden standen sogar bei ihren Fällen so im Vordergrund, daß sie sie als Ausdruck einer besonderen Krankheit aufgefaßt haben, deren Erreger in Gestalt eines Protozoons sie im Urin und Stuhl nachgewiesen haben wollen. Es scheint mir allerdings sehr wahrscheinlich, daß unter den mitgeteilten Fällen nicht wenige dem wolhynischem Fieber zuzurechnen sind, bei denen die Blasenstörungen offenbar nur als Teilerscheinungen aufzufassen sind.

Nervensystem.

Schmerzen der mannigfachsten Art gehören zu den wichtigsten Symptomen der Krankheit, sie geben ihr, abgesehen vom periodischen Fieberverlauf, ein charakteristisches Gepräge und weisen auf die besondere Mitbeteiligung des Nervensystems am Krankheitsprozeß hin. Der Beginn der Erkrankung ist in allen schwereren Fällen durch außergewöhnlich heftige Kopf- und Kreuzschmerzen gekennzeichnet. Allgemeine Gliederschmerzen, Gefühl der Schwere, Ziehen und Reißen in den Armen und Beinen, spontan und bei Bewegungen kommen noch hinzu. Dies alles sind Symptome, die in wechselnder Intensität auch bei anderen Infektionskrankheiten, besonders bei Influenza, Typhus, Malaria, Weilscher Krankheit etc. das Fieber begleiten. Sie sind nach Goldscheider auf eine allgemeine Hyperästhesie und Hyperalgesie der Tiefensensibilität zu beziehen und beruhen auf einer besonderen Affinität der in Betracht kommenden Toxine zum Nervensystem.

Im weiteren Verlauf treten dann aber beim wolhynischen Fieber so bestimmte — entweder mit den Fieberbewegungen exazerbierende oder auch im Intervall anhaltende — Schmerzempfindungen auf, daß die Annahme besonderer, mit der spezifischen Krankheitsursache zusammenhängender Störungeu ohne weiteres gerechtfertigt ist. Es ist hier vor allem der Schienbeinschmerz zu erwähnen, der übereinstimmend als eines der regelmäßigsten Stigmata der Krankheit bezeichnet wird. Man wurde auf dieses Symptom schon im Winter 1914 (Schüller, Stransky, Schrötter) aufmerksam, zu einer Zeit also, als der Krankheitsbegriff des wolhynischen Fiebers noch unbekannt war. Die große Verbreitung fast nur unter den Fronttruppen mußte anfangs noch in der Auffassung bestärken, daß seine Entstehung in erster Linie durch mechanische Einflüsse, wie langes Stehen, unzweckmäßiges Schuhwerk, Überanstrengungen beim Marschieren oder durch Kälte und Nässewirkung, beim Schützengrabendienst, bedingt sei. Nachdem aber durch genaue Krankenbeobachtung die infektiöse Natur sichergestellt (Grätzer, Kraus, Citron) und aus klinischen und epidemiologischen Gründen die Identität dieser Fälle mit dem wolhynischen Fieber erkannt war, erhob sich die Frage, ob dieses früher nicht beachtete Krankheitszeichen wirklich als pathognomonisches, für das wolhynische Fieber charakteristisches Symptom zu gelten habe.

Zur Entscheidung dieser auch heute noch unentschiedenen Frage ist eine genaue Erörterung, was unter den hier als „Schienbeinschmerz" bezeichneten Beschwerden zu verstehen und wie ihr Zustandekommen zu erklären ist, eine notwendige Voraussetzung.

Die Angaben, die die Kranken selbst über ihre Beinschmerzen machen, gehen im einzelnen sehr weit auseinander. Es hat das zum

Teil seinen Grund in der verschiedenen Intensität der empfundenen Schmerzen. In leichten Fällen fühlen sie nur eine abnorme Spannung und ein empfindliches Ziehen in den Muskeln des Unterschenkels und bei Bewegungen der Knie und Fußgelenke. Steigern sich diese Beschwerden, so sind sie entweder über einen größeren Bezirk ausgedehnt. Es besteht nicht nur in den Muskeln des Unterschenkels, besonders seiner Innenseite und der Wade, spontan und bei Bewegungen heftiges Reißen, Stechen und Bohren, sondern auch die Oberschenkel- und Hüftmuskulatur und die Gelenke werden befallen, ohne daß nachweisbare Gelenkschwellungen jemals vorkommen. In anderen Fällen konzentrieren sich die Schmerzen ganz auf die Innenseite der unteren Hälfte oder des unteren Drittels der Unterschenkel. Die Kranken haben das Gefühl, als ob der Knochen angestoßen wäre, und besonders häufig ist die Empfindung des Klopfens, Brennens und Reißens der Knochen selbst. Gewöhnlich stellen sich die Schmerzen am Nachmittage ein, um in der Nacht zuweilen fast bis zur Unerträglichkeit zuzunehmen, so daß der Druck der Bettdecke schon zur Qual wird. Beugung oder Streckung der Beine, auch das Verlassen des Bettes und der Versuch umherzugehen, bringt keine Erleichterung. Die Schmerzen beginnen meistens schon vor den Fieberanfällen und klingen mit dem Rückgang des Fiebers wieder ab. Im Anfang der Erkrankung sind sie gewöhnlich geringer, oder fehlen noch ganz, erst bei den späteren Anfällen stellen sie sich ein; sie können aber auch im Intervall und viele Tage, ja Wochen hindurch und lange über die Fieberperiode hinaus in verschiedenem Grade anhalten. Charakteristischerweise sind fast immer symmetrisch beide Beine in gleicher Weise befallen.

Versucht man allein nach diesen Angaben ein Urteil über den vermutlichen Sitz der Erkrankung abzugeben, so wird man zunächst jedenfalls D e h i o, dem ersten Beschreiber (vgl. oben) der Beinschmerzen, beipflichten können, wenn er sagt: „Charakteristisch ist für diese Affektionen, daß sie sich nie genauer lokalisieren lassen", und in der Tat gehen auch heute noch die Ansichten darüber auseinander, ob es sich um eine Erkrankung der Muskeln, der Nerven oder der Knochen selbst handelt. Schon die objektiven Befunde, die die einzelnen Untersucher erhoben haben, weichen stark voneinander ab. Druckempfindlichkeit der Muskulatur an der Innenseite der Schienbeine an der Wade, Schmerzhaftigkeit beim Bestreichen und Beklopfen der inneren Tibiakante, besonders im unteren Drittel, wird übereinstimmend angegeben. Druckempfindlichkeit der Nervenstämme am Oberschenkel, in der Kniekehle und am Unterschenkel fanden A r n e t h, S i t t m a n n, T ö p f e r, S a c h s, R i c h t e r, G o l d s c h e i d e r, S c h i t t e n h e l m u. a. Außerdem beobachtete S i t t m a n n zuweilen, besonders im Beginn der Erkrankung, eine harte Schwellung der Wadenmuskulatur und eine, die beabsichtigte Kontraktion überdauernde Anspannung der Muskulatur, ähnlich wie bei Thompsonscher Krankheit. Nach längerem Bestehen der Erkrankung war dagegen der Muskeltonus herabgesetzt, so daß die Wadenmuskulatur schlaff wie ein Sack herunterhing.

Scheinen diese Befunde für eine Erkrankung der Nerven oder der Muskulatur zu sprechen, so stehen dem wieder die Angaben von Kraus und Citron, Stinzing, Korbsch, Stühmer u. a. entgegen, die mehr oder weniger häufig teigige ödematöse Schwellung des Periostes der Tibiakante, Ödem des Fußrückens, Verdickungen, Rauhigkeiten und Auftreibungen des Schienbeins selbst und ausgesprochene Druck- und Klopfempfindlichkeit des Knochens gesehen haben. Im Röntgenbild fanden sie unscharfe Zeichnung des Tibiarandes oder umschriebene periostale Verdickungen der Tibia und sogar auch der Fibula, daneben eine mehr oder weniger deutliche Verdünnung der Tibia-Compacta, sowie eine Rarefizierung der Knochenbälkchen. Angesichts dieser Befunde und der lebhaften so häufig nachts exazerbierenden, von den Kranken selbst spontan als Knochenschmerzen angesprochenen Beschwerden, galten die Schienbeinschmerzen als Ausdruck einer Ostitis, bzw. Periostitis tibialis. Die Bedeutung des Symptoms erschien deswegen so groß, weil hier eine objektiv nachweisbare, umschriebene Organerkrankung gefunden zu sein schien.

Diese Auffassung ist jedoch nach allen weiteren Beobachtungen nicht mehr aufrecht zu erhalten. Vor allem ist zu betonen, daß derartige Veränderungen doch nur selten sind. Goldscheider, Schittenhelm u. Schlecht, Munk u. a., die alle über große Erfahrung verfügen, haben niemals bestimmte äußerlich nachweisbare anatomische Veränderungen an den Schienbeinen oder am Periost der Unterschenkelknochen nachweisen können; auch gelegentliche röntgenologische Untersuchungen an Fällen, bei denen über ausgesprochene, lange bestehende Knochenschmerzen geklagt wurde, hatten ein negatives Ergebnis. Ich selbst habe den Beinschmerzen von Anfang an meine Aufmerksamkeit gewidmet und mich auch niemals von dem Bestehen einer äußerlich nachweisbaren Ostitis oder Periostitis überzeugen können, selbst nicht in Fällen, bei denen eine solche von anderer Seite angenommen worden war.

Versucht man bei der klinischen Untersuchung Aufschluß über den Sitz der Schmerzen zu erhalten, so kann man bei unvoreingenommenen intelligenten Kranken in sehr vielen Fällen einwandfrei feststellen, daß die Stelle der größten Schmerzhaftigkeit gar nicht am oder auf dem Schienbein selbst, sondern in einem etwa handbreiten Bezirk, etwas medial von der Schienbeinkante am unteren Drittel des Unterschenkels gelegen ist. Von diesem Bezirk aus strahlen die Schmerzen in die Umgebung aus, sowohl nach rückwärts und oben zur Wade hin, wie auch nach vorn und unten über die Schienbeinkante hinweg auf den Unterschenkel und den Fuß. Dementsprechend ist auch die Stelle der größten Druckschmerzhaftigkeit nicht am Schienbein selbst, sondern daneben gelegen. Als besonders schmerzhaft wird es empfunden, wenn man von hinten her mit 4 Fingern den Unterschenkel umgreifend, den Daumen lateral ansetzend, die Muskulatur (im wesentlichen den Flexor digitor. longus) nach rückwärts von ihrem Ursprung am medialen Tibiarand abzuziehen versucht. Mit diesem Handgriff gelingt es in vielen Fällen, hier den typischen Schmerz auszulösen, wenn eine spontane Schmerzhaftigkeit nicht mehr oder noch nicht besteht.

Von besonderer Wichtigkeit scheint es mir nun zu sein, im Zusammenhang damit, die anderen, beim wolhynischen Fieber vorkommenden Schmerzempfindungen genauer zu analysieren. Die Kranken klagen über Schmerzen im Nacken, an der Schulter, an den Hüften, am Bauch im Hypogastrium, am Oberschenkel und an den Waden, ohne daß sie sich selbst über den Sitz der unangenehmen Empfindungen zunächst klar werden können. Prüft man die betreffenden Muskeln genau durch, so findet man am Trapezius, am Deltoides, am Pectoralis, am Serratus, am Bizeps, am Glutaeus, am Vastus und am Soleus ebenfalls ganz umschriebene Stellen, die am stärksten auf Druck schmerzhaft sind und von denen offenbar die Schmerzempfindung diffus in die Umgebung ausstrahlt. Diese Druckpunkte liegen fast stets am Übergang des Muskelbauches in die Sehne oder bei kurzsehnigem flächenhaftem Ursprung des Muskels, wie z. B. beim M. glutaeus med. am Darmbeinkamm, dicht am Knochen an der Anhaftungsstelle des Muskels.

Den verschieden lokalisierten Schmerzen des Wolhynikers liegt also ein ganz ähnlicher Befund zugrunde, wie wir ihn bei echtem Muskelrheumatismus auch erheben können. Diese topographische Gesetzmäßigkeit der Lokalisation der Schmerzpunkte hat nach Ad. Schmidt anatomische Ursachen. Sie entspricht der Lage der sensiblen Nervenendigungen, der sog. „Spindeln", die als Vermittler des myalgischen Schmerzes anzusehen sind. Sie sind vorwiegend in den peripheren Muskelabschnitten und den Sehnenansätzen gelegen und treten hier an der Fleischsehnengrenze an die Oberfläche. In Übereinstimmung mit dieser Auffassung des Krankheitsprozesses als einer Myalgie steht auch das gelegentliche Vorkommen abnormer Spannungszustände in der schmerzhaften Muskulatur, z. B. in der Wade, wie es Sittmann angegeben hat, und ich halte es nicht für ausgeschlossen, daß ebenso manche knötchenförmige Verdickungen, die am Schienbein gefühlt werden können, lediglich mehr oder weniger umschriebene bündelweise Faserkontraktionen der hier aussetzenden Muskeln sind, wenn es sich nicht überhaupt um Rauhigkeiten der Knochenkante handelt, die auch bei Gesunden vorkommen.

Die hier erwähnten Schmerzen des Wolhynikers sind also unabhängig von ihrer speziellen Lokalisation einheitlicher Genese und entsprechend der Schmidtschen Vorstellung vom Wesen der Myalgie als Neuralgie der Muskelnerven aufzufassen. Auch der Schienbeinschmerz ist mithin nicht prinzipiell von den anderen Schmerzempfindungen zu unterscheiden, sondern Teilerscheinung des ganzen oben geschilderten neurologischen Bildes. Was ihn vor den anderen Symptomen auszeichnet, ist seine außergewöhnliche Heftigkeit, sein besonderer Charakter und seine auffällige Konstanz in dem sonst so variablen Krankheitsbilde. Daher hat er von Anfang an die Aufmerksamkeit auf sich gezogen.

Zur Erklärung hat Goldscheider an eigene und die Freyschen Untersuchungen über das Vibrationsgefühl erinnert, aus denen hervorgeht, daß bestimmte Stellen des Knochens, die dem Eintritt der Nervenäste in das Periost und den Knochen selbst entsprechen, sich bei faradischer Reizung als besonders schmerzhaft erweisen. Die Tibia enthält besonders viele solche Stellen, die durchweg mit den Druckschmerzstellen zusammenfallen, sie sind hier von größerer Schmerzhaftigkeit als z. B. an der Ulna oder am Radius. Der Schmerz selbst wird schon bei geringer Steigerung der Stromstärke unerträglich, geht in die Tiefe und Breite, hat bohrenden Charakter und wird als echter Knochenschmerz empfunden. Es ist also sehr wohl verständlich, daß bei allgemeiner Hyperalgesie die Tibiaschmerzen prävalieren und in diesem Sinne kann man mit Goldscheider übereinstimmen, daß der Tibiaschmerz an sich nicht für das wolhynische Fieber pathognomonisch ist Es kommen ja auch bei Meningitis und anderen Infektionskrankheiten Beinschmerzen gelegentlich zur Beobachtung.

In der Kriegsliteratur finden sich auch verschiedentlich Angaben über gehäuftes Auftreten von Beinschmerzen beim Typhus (Queckenstadt) und Paratyphus (Stephan). Die Beobachtungen stammen aber aus einer Zeit, in der das wechselvolle Bild des wolhynischen Fiebers noch nicht bekannt war. Nach der Beschreibung der Symptome jener Fälle und den wiedergegebenen Temperaturkurven ist aber meiner Überzeugung nach der Einwand nicht zu entkräften, daß hier in zahlreichen Fällen Verwechselungen oder Kombinationen mit dem wolhynischen Fieber vorgelegen haben.

Wenn ich den Beinschmerz beim wolhynischen Fieber also als pathognomonisches Zeichen ansehe, so kann das nur in dem Sinne geschehen, daß es sich hier um ein Symptom handelt, das in etwa $80\,^0/_0$ der Fälle, oft wochenlang anhaltend, unabhängig vom Fieber und gelegentlich auch isoliert für sich, d. h. ohne andere Schmerzsymptome vorkommt. Derartiges ist bei anderen Erkrankungen bisher nicht bekannt geworden und es muß also eine spezielle Ursache für diese Erscheinung vorliegen.

Auch hier scheinen mir die Schmidtschen Untersuchungen weiterzuhelfen. Aus ihnen geht hervor, daß der Sitz der myalgischen

Schmerzen nicht, wie man zunächst denken sollte, in der Peripherie an der Endausbreitung der sensiblen Muskelnerven, sondern weiter **zentralwärts an den hinteren Wurzeln zu suchen ist.** Dafür sprechen u. a. die Doppelseitigkeit des Prozesses, die nahen Beziehungen zu eigentlich neuralgischen Erkrankungen, z. B. der Ischias, und das häufige Vorkommen abnormer Liquorbefunde. Die gleichen Verhältnisse liegen auch beim wolhynischen Fieber vor. Die Doppelseitigkeit der Beinschmerzen, das Auftreten von Neuralgien im Gebiete des Ischiadikus wurde erwähnt. Auf abnorme Liquorbefunde habe ich früher (Berl. med. Ges. 17) schon hingewiesen und ich habe den Befund seitdem mehrfach bestätigen können. Auch Z o l l e n k o p f berichtet über erhöhten Lumbaldruck und Vermehrung des Eiweißgehaltes im Liquor. Klinisch finden sich dementsprechend im Beginn der Erkrankung, zuweilen in geringerer Ausbildung auch später noch, meningitische Reizerscheinungen, heftigste Kopfschmerzen, Nackensteifigkeit, K e r n i g sches Phänomen, Reflexsteigerung und Erbrechen. Demgegenüber treten alle Erscheinungen auf motorischem Gebiete vollkommen in den Hintergrund: Muskelatrophien fehlen, der Gang ist zwar infolge der Schmerzen zuweilen etwas behindert und Obeinartig. Paresen und Spasmen kommen nicht vor, die Sehnenreflexe sind meist gesteigert, seltener abgeschwächt (S a c h s).

Nur in einem Falle sah ich ein schweres Krankheitsbild sich entwickeln: bei dem an sich sehr schweren Krankheitsfall M. bestanden während einer septischen Fieberperiode hochgradigste Arm- und Beinschmerzen. Kniesehnen- und Achillessehnenreflexe schwer auslösbar, ausgesprochene Hyperästhesie der Innenseite beider Unterschenkel, deutliches R o m b e r g sches Phänomen, Gang echt ataktisch. Im Laufe von 14 Tagen nach Rückgang des Fiebers und aller anderen Beschwerden Besserung.

Aus allen diesen Gründen bin ich immer für eine z e n t r a l e U r s a c h e d e r B e i n s c h m e r z e n eingetreten, und alle weiteren Untersuchungen haben diese Auffassung vollauf bestätigt.

R i c h t e r hat als erster den zentralen Ursprung der nervösen Symptome eingehender begründen können. Er weist auf die Häufigkeit der Neuralgien hin. Vorwiegend sind dabei der Plexus lumbalis und die großen Nervenstämme der Beine befallen. In zweiter Linie kommt der Plexus brachialis, der Trigeminus, der Occipitalis major und minor, gelegentlich auch der Ileoinguinalis und der Spermaticus externus in Betracht (R i c h t e r, M o s l e r). Alle diese Nerven können in ihrem Verlauf stark druckempfindlich sein und in ihrem Ausbreitungsgebiet finden sich ausgesprochene Parästhesien. In 82 % der R i c h t e r schen Fälle bestanden Klagen über Eingeschlafensein, Taubsein und Kaltsein der Beine und Arme, verbunden mit schmerzhaftem Prickeln. Auf den zentralen Ursprung dieser Symptome

— Richter prägt sogar den Ausdruck „Myelitis wolhynica" — weisen vor allem typische Sensibilitätsstörungen hin.

Es finden sich im Bereich der Dorsal- und Lumbal-, selten auch der Zervikal- und Sakralsegmente charakteristische Zonen innerhalb derer eine ausgesprochene, oft hochgradige Hauthyperästhesie für Berührung, Druck und Kältereiz besteht. Mosler hat auf entsprechende, besonders häufig nachweisbare Zonen, an der Stirn und Nasenwurzelgegend und am medialen unteren Drittel des Schienbeines hingewiesen.

Von großer Wichtigkeit ist ferner die Beobachtung Staehles. Er fand in einer großen Zahl von Fällen während der Exazerbation des Fiebers und der gleichzeitig einsetzenden heftigsten Steigerung der Schienbeinschmerzen einen positiven Oppenheimreflex. Mit dem Nachlassen der Schmerzen tritt oft im Laufe von Stunden schon Rückkehr zur Norm ein. Manchmal bleibt aber der Reflex lange Zeit positiv, wenn auch schwankend. In einigen Fällen besteht eine Neigung zur Dorsalflexion der Großzehe in der Weise fort, daß erst bei Summation der Reize der positive Ausschlag auftritt. Zur Erklärung des Phänomens weist Staehle darauf hin, daß bei Erwachsenen normalerweise der spinale Oppenheimsche Reflex, der auf dem kurzen Wege Hinterwurzel — Schaltzelle — motorische Ganglienzelle des Vorderhorns — motorischer Nerv abläuft, durch den zentralen kortikalen Plantarreflex überdeckt und überkompensiert wird. Unter der Überwertigkeit des sensiblen Reizes beim Bestreichen der heftig schmerzenden Tibiakante entsteht eine derartige Irritation der Hinterwurzelganglien, daß der spinale Reflex, der ja auch räumlich den kürzeren Weg zu durchlaufen hat, momentan das Übergewicht bekommt.

Bei der Annahme einer Erkrankung des Zentralnervensystems, lassen sich auch mannigfaltige Störungen der autonomen und sympathischen Innervation, die wir beim wolhynischen Fieber beobachten können, unter einem einheitlichen Gesichtspunkt zusammenfassen. Hierher gehören die bereits beschriebenen Blasensymptome, die Sphinkter- und Detrusorschwäche, ferner die Magen-Darmstörungen, die in der Regel dem Symptomenkomplex der Vagusneurose entsprechen. Die Herzstörungen konnten wir ebenfalls fast ausnahmslos auf nervöse Ursachen zurückführen. Pathologische Schwankungen im Vagustonus dürften auch hier die Hauptrolle spielen. In die gleiche Reihe gehören ferner die häufigen vasomotorischen Störungen, die wir schon im akuten Stadium, öfter aber, wie alle anderen nervösen Symptome, im weiteren Verlaufe der Erkrankung sich ausbilden sehen. Es sind lokale Anomalien der Blutzirkulation, Blau- und Weißwerden der Hände und Füße, von äußeren und psychischen Faktoren unabhängiges Erröten und Erblassen, vor allem aber die starken, ohne Zusammenhang mit der Temperaturbewegung auftretenden Schweißausbrüche, die wochenlang die fieberhaften Erkrankungen überdauern können und bemerkenswerterweise in vielen Fällen allein auf die Unterschenkel beschränkt bleiben, gelegentlich auch einseitig bei einseitigen Beinschmerzen beobachtet werden.

Alle diese Störungen sind nicht regelmäßig oder gleichzeitig, bei einem und demselben Falle vorhanden, sondern die jedesmal vorliegenden Kombinationen der Symptome zeigen den buntesten Wechsel. Auch in ihrer Intensität weisen sie die größten Schwankungen auf. Leichte und leichteste Erkrankungen des Nervensystems sind am häufigsten und daher wurden sie auch erst verhältnismäßig spät und bei eigens darauf gerichteter Aufmerksamkeit bekannt. Daß aber auch gelegentlich schwerere und sehr langwierige Erkrankungen vorkommen, zeigt besonders eindringlich eine von Cassirer mitgeteilte Beobachtung:

Nach Beginn der Erkrankung im Mai 1916 bestanden noch im März und April 1917 gelegentlich der damals noch vorhandenen Fieberparoxysmen heftig exazerbierende Schmerzen und Schwäche in den Beinen, Gang erheblich gestört, Urinbeschwerden, taubes Gefühl in den Beinen, Parästhesien in den Armen. Der hauptsächlichste Befund war deutliche Druckempfindlichkeit der unteren Tibia, Fehlen beider Achillesreflexe, rechtes Kniephänomen sehr schwer und unsicher nachweisbar, links schwach positiv. Abstumpfung der Sensibilität von ausgesprochen radikulärem Typus, rechts stärker als links entwickelt, betrifft beiderseits am schwersten die letzten sakralen Wurzeln, so daß eine anoperigenitale Zone der Sensibilitätsstörung vorliegt, reicht nach oben bis in die 5. Lumbalwurzel hinauf. Sie betrifft alle Quantitäten ungefähr gleichmäßig und ist in der rechten, 4. und 5. Sakralis fast total. Die Motilität ist nur geringfügig beeinträchtigt, die rechte Fuß- und Zehenbewegung etwas paretisch, ebenso rechte Glutäalmuskulatur, in beiden Gebieten besteht partielle Entartungsreaktion. Im Laufe der Erkrankung trat an der rechten großen Zehe eine umschriebene schmerzhafte Hautgangrän vom Typus der Raynaud'schen auf, die unter demarkierender Entzündung heilt. Von Wichtigkeit ist ferner das Ergebnis der Röntgenuntersuchung der Tibia: es bestand beiderseits eine Verdickung der Kortikalis, die die Markhöhle verengte; diese selbst schien verdunkelt. Die veränderten Partien entsprechen in ihrer Ausdehnung etwa der Stelle der größten Druckschmerzhaftigkeit.

Auf Grund dieses Befundes, der sich im Laufe von vielen Monaten (bis Dezember 1917) zurückbildete, nahm Cassirer eine Neuritis der Cauda equina mit starker Bevorzugung der sensiblen Anteile an.

Die hier nachweisbaren Störungen ermöglichen also mit besonderer Deutlichkeit die topische Diagnose der vorliegenden Nervenerkrankung. Im Rahmen der anderen hier geschilderten Symptome betrachtet, handelt es sich jedoch, wie auch Cassirer ausführt, nur um quantitative Unterschiede gegenüber den sonst vorkommenden Störungen. In ihrer leichtesten Form sind es die oben erwähnten einfachen und uncharakteristischen Hyperästhesien. Werden sie intensiver, so tritt alsbald die für das wolhynische Fieber typische Ausbreitung und Verteilung zutage, die vor allem durch das häufigste Symptom, den Schienbeinschmerz, gekennzeichnet ist. Gesellen sich

dazu noch besondere Neuritissymptome, Hauthyperästhesien, vasomotorische Störungen, Störungen der Blasenfunktion, Reflexanomalien,
so haben wir deutliche Symptome einer ganz ähnlich lokalisierten
Wurzelneuritis vor uns, wie sie der Cassirersche Fall in stärkster
Ausbildung aufweist. Die hier zur Wirkung kommenden spezifischen Nervengifte bevorzugen also in ganz eigenartiger Weise
die Lumbal- und Sakralsegmente, wie es bis jetzt noch von
keiner anderen Erkrankung bekannt geworden ist. Der Schienbeinschmerz, — damit kehren wir zum Ausgangspunkt unserer Ausführung zurück, — ist die augenfälligste und häufigste Manifestation
dieser Erkrankung.

Besonders wichtig ist es nun, daß der Cassirersche Fall auch
eine Erklärungsmöglichkeit der gelegentlich beobachteten Knochen-
veränderungen gibt. Bei Berücksichtigung aller anderen Symptome
spricht nichts dafür, daß es sich um eine selbständige, etwa echt
entzündliche Knochen- oder Periosterkrankung im Sinne von Kraus,
Stühmer und Stinzing handeln sollte. Vielmehr hat die von
Cassirer erörterte Deutung, sie als Folge der bestehenden Nervenerkrankung aufzufassen, alle Wahrscheinlichkeit für sich. Ähnliche
Veränderungen der Knochenstruktur unter dem Einfluß nervöser
Störungen sind lange bekannt, sie finden sich sowohl bei zentralen
Nervenerkrankungen, z. B. der Tabes, als auch bei peripheren, wie
z. B. der Raynaudschen Gangrän, ja sogar bei lange bestehenden
funktionellen Kontrakturen (Nonne).

Haut.

Die Haut kann in verschiedener Weise durch den Krankheitsprozeß in Mitleidenschaft gezogen werden. Im Beginn der Erkrankung kommt als uncharakteristischer Hautausschlag nicht selten
Herpes labialis vor. Seine Häufigkeit wechselt und er unterscheidet
sich in keiner Weise vom Herpes bei anderen Infekten. Ich halte
es ebenso wie Strisower für möglich, daß das von Buchbinder
erwähnte Rachenphänomen auch hierher gehört; allerdings pflegt ein
Schleimhautherpes nach Übergang in Erosion abzuheilen, was Buchbinder nicht gesehen hat.

Von besonderer Wichtigkeit ist jedoch das Vorkommen spezifischer
Exantheme, das Brasch und Korbsch zuerst erwähnt und nachher
viele Autoren bestätigt haben (Töpfer, Sachs, Jungmann
und Kuczynski, Goldscheider, Schittenhelm). Es ist an
sich kein häufiges Symptom, in meinem eigenen Material fand ich
es etwa in 2 % der Fälle.

Das Exanthem. Das Exanthem erscheint zum Teil schon
während der ersten Fieberperiode, meistens mit dem Abklingen der

Temperatur, häufiger aber tritt es erst bei einem der späteren Anfälle auf und bemerkenswerterweise kann es bei mehreren Anfällen nach-

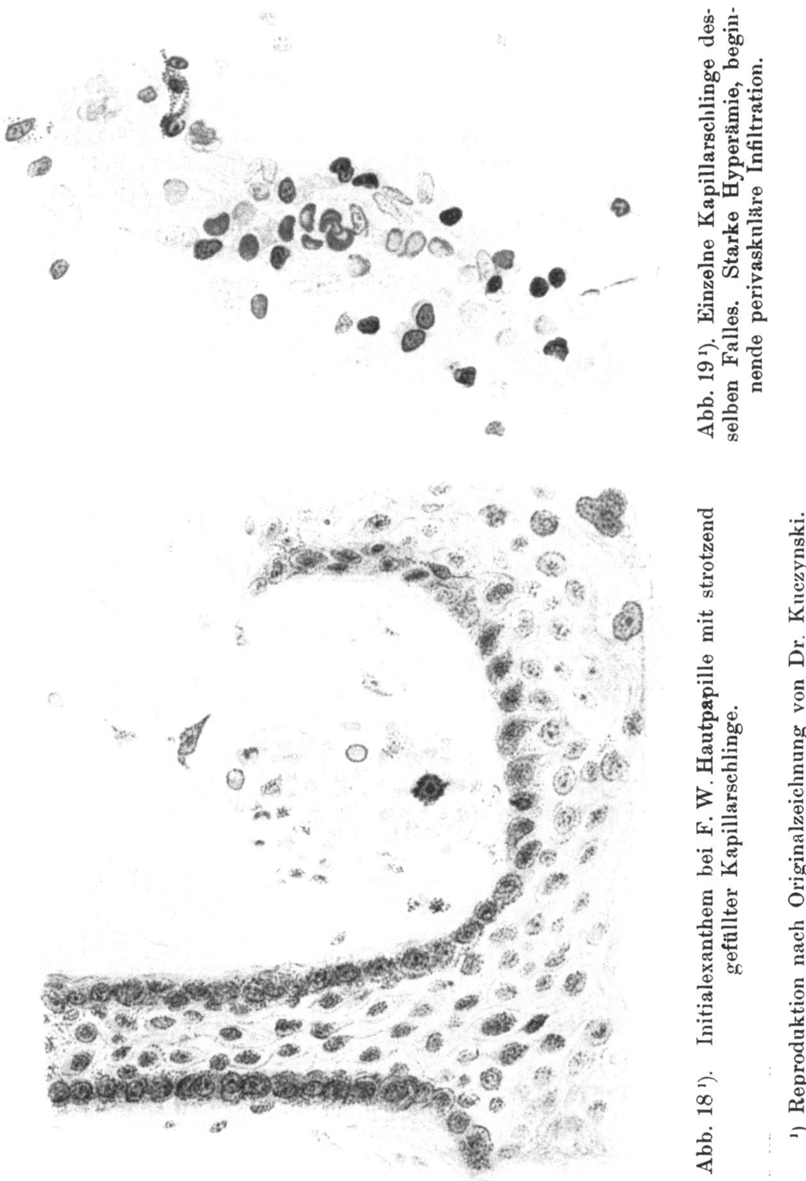

Abb. 19¹). Einzelne Kapillarschlinge desselben Falles. Starke Hyperämie, beginnende perivaskuläre Infiltration.

Abb. 18¹). Initialexanthem bei F. W. Hautpapille mit strotzend gefüllter Kapillarschlinge.

¹) Reproduktion nach Originalzeichnung von Dr. Kuczynski.

einander rezidivieren, nachdem es im Intervall vollkommen verschwunden war. Es hat in der Mehrzahl der Fälle roseolären

Charakter. Die einzelnen Fleckchen, die, nie sehr zahlreich, an den
Seiten des Brustkorbes, seltener am Bauch aufschießen, sind blaßrosa
gefärbt, nicht über die Hautfläche erhaben, unscharf umgrenzt und
leicht wegdrückbar, von 1—2 mm Durchmesser. Sie sehen der beginnenden Fleckfieberroseola oder dem frischen Masernexanthem am
ähnlichsten, sind aber im Farbenton gewöhnlich heller. Sie bleiben
1—2, auch 3 Tage bestehen und heilen dann restlos ab. Zuweilen
beobachteten wir auch ganz flüchtige, stippchenförmige, dichtere, dem
Scharlachausschlage ähnliche Formen, in einigen Fällen auch kleine
und sehr wenig erhabene, blaßrosa gefärbte Papeln. Petechiale Umwandlung habe ich niemals gesehen, doch erwähnt Schittenhelm
einen solchen Falll.

Durch histologische Untersuchung kleiner, zu verschiedenen Zeiten
exzidierter Hautstückchen konnten wir die in der Haut sich abspie-
lenden anatomischen Prozesse genauer verfolgen. Anfangs besteht
eine umschriebene maximale Erweiterung der papillaren und subpa-
pillaren Kapillaren, die strotzend mit Blut gefüllt sind. Daran
schließt sich bald eine Vermehrung der Adventitiazellen und Anhäu-
fung von Rund- und Plasmazellen an (Abb. 18 u. 19). Bei stärker ausgebildeten Roseolen finden sich dann, wie Schminke an 3 Fällen
von Brasch nachgewiesen hat, „um die Arteriolen herum aus Lymphozyten und vereinzelten Leukozyten bestehende zellige Infiltrationen,
die zum Teil dicht und kontinuierlich, zum Teil weniger dicht und
fleckig" angeordnet sind. Das perivaskuläre Gewebe ist ödematös,
im Lumen der Arteriolen finden sich Leukozyten, die teilweise auf
der Durchwanderung durch die Gefäßwandungen begriffen sind.
Endothelveränderungen und Nekrosen der Gefäßwand haben wir
ebensowenig wie Schminke gefunden. Eine gewisse Ähnlichkeit
mit dem Fleckfieberexanthem ist also auch histologisch unverkennbar,
wenn auch die Veränderungen entsprechend dem klinischen Befunde
weniger intensiv und nachhaltig sind. Abschuppung der Haut nach
dem Verschwinden des Ausschlages hat Töpfer beobachtet, es ist
mir aber fraglich, ob es sich dabei um einen spezifischen, durch das
Exanthem bedingten Vorgang gehandelt hat. Die Geringfügigkeit der
Hautveränderungen spricht eher dagegen.

Neben diesen hämatogenen Hautveränderungen, sind dann noch
eine Reihe von Hauterscheinungen zu erwähnen, die als neurogene
ihnen gegenübergestellt werden können. Wie die meisten nervösen
Erscheinungen beim wolhynischen Fieber, entwickeln sie sich erst im
Laufe der Erkrankung und hauptsächlich in Fällen, in denen andere
Nervensymptome gleichzeitig besonders hervortreten.

So sah ich in 4 Fällen im Bereich der mittleren und unteren
Dorsalsegmente 3mal einseitigen, 1mal doppelseitigen Herpes zoster
auftreten mit sehr schmerzhafter Neuralgie der entsprechenden Inter-
kostalnerven vergesellschaftet; gleichzeitig bestanden auch heftigste

Beinschmerzen durch Wochen hindurch. Die Entstehung ist bei der Annahme einer Wurzelneuritis nach den Ausführungen des vorhergehenden Kapitels leicht verständlich.

In zwei Fällen entwickelte sich unter meinen Augen im Verlauf des wolhynischen Fiebers ein Vitiligo, der an den Handrücken und Fingern, an der Stirn und neben der Nase lokalisiert war. Vorher bestanden längere Zeit hindurch unangenehme Parästhesien an den Fingern und heftige neuralgiforme Kopfschmerzen. Auch hier scheint mir die gleiche nervöse Ursache zugrunde zu liegen. Ein prinzipiell ähnlicher Zusammenhang [Störung des sensiblen vasomotorischen Reflexbogens (Cassirer)] besteht auch hinsichtlich der Entstehung der Raynaudschen Gangrän bei dem Cassirerschen Falle. Auch trophische Hautveränderungen waren hier vorhanden: die Haut an den Beinen war auffallend glanzlos und faltenlos, von leicht sklerodermischer Beschaffenheit. Unter demselben Gesichtspunkt ist vielleicht auch der gelegentlich nach der Erkrankung auftretende Haarausfall zu betrachten (Töpfer) und das von Ludwig beobachtete Nagelphänomen; er sah in einer großen Zahl von Fällen aller Verlaufsarten, besonders auch bei rudimentären Formen, eine den Anfällen entsprechende Zahl von Querrillen an den Nägeln, besonders des Daumens auftreten, die er als Ernährungsstörungen auffaßt.

Blut.

Die während der Krankheit auftretenden morphologischen Blutveränderungen sind von Anfang an sehr eingehend studiert worden, so daß bereits zahlreiche Angaben hierüber vorliegen (Werner, Benzler, Brasch, Stintzing, Rumpel, Korbsch, Lehndorf, Thörner, Linden, Jungmann und Kuczynski, Munk u. a.). Die Befunde stimmen in den wesentlichen Punkten gut miteinander überein und lassen eine Reihe von Gesetzmäßigkeiten erkennen, die sie zu einem regelmäßigen Symptom der Krankheit stempeln. Unsere eigenen Erfahrungen gründen sich auf ein Material von 87 Fällen sämtlicher Verlaufsarten, die zum Teil wochenlang in täglich mehrmals wiederholten Zählungen genauestens durchuntersucht wurden. Es schien uns besonders wichtig, die zeitlichen Verhältnisse der Blutveränderungen in ihrer Abhängigkeit von der Fieberbewegung genauer zu verfolgen und andererseits die Blutbilder bei den verschiedenen Verlaufsformen im ganzen untereinander zu vergleichen, denn es war zu erwarten, daß die klinische Zusammengehörigkeit sich auch hämatologisch zum Ausdruck bringen lassen würde.

Bei den **paroxysmalen Formen** fanden wir in Übereinstimmung mit den anderen Untersuchern während des Fieberstadiums eine Zunahme der Leukozytenzahlen. Die Werte schwanken bei den einzelnen Fällen beträchtlich (12—30 000), im allgemeinen sind sie in den ersten Anfällen höher als in den späteren, mit der geringeren Intensität der Fiebersteigerung nehmen sie im Laufe der Erkrankung allmählich ab (Abb. 20). Auch die Dauer der Leukozytose ist ungleichmäßig. Sie kann während des ganzen Anfalles also 2—3 Tage lang, anhalten, häufiger aber besteht sie — ähnlich wie bei der Malaria — nur wenige Stunden bei ansteigendem Fieber und ist bei Abklingen

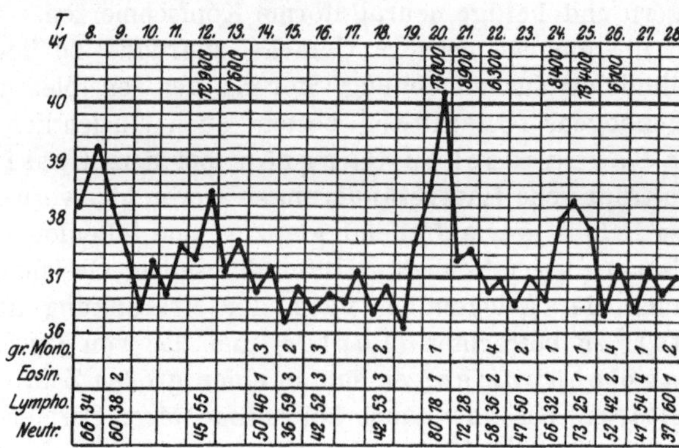

Abb. 20. Blutbild bei paroxysmalem Verlauf.

des Anfalls bereits wieder verschwunden. Zuweilen tritt sie auch schon vor dem eigentlichen Fieberanfall auf, wenn die ersten subjektiven Erscheinungen des bevorstehenden Paroxysmus sich bemerkbar machen (Abb. 21). Sie ist daher häufig nur bei wiederholt am Tage ausgeführter Untersuchung nachweisbar, und manche Angabe über Ausbleiben der Leukozytose (z. B. Munk) bei den Fieberanfällen dürfte auf zu seltene Zählungen an den betreffenden Tagen zurückzuführen sein. Unmittelbar nach dem Anfall sinken die Leukozytenzahlen auf niedrig normale oder normale Werte ab (6—4500). Während der Intervalle und in der Rekonvaleszenz finden sich ebenfalls normale Zahlen, doch ist zu betonen, daß bei nicht vollausgebildeten Anfällen, den sog. Äquivalenten, die sich lediglich durch Steigerung der subjektiven Beschwerden oder Pulsbeschleunigungen verraten, auch ohne Temperatursteigerung noch lange Zeit hindurch periodisch kurzdauernde Leukozytosen vorkommen.

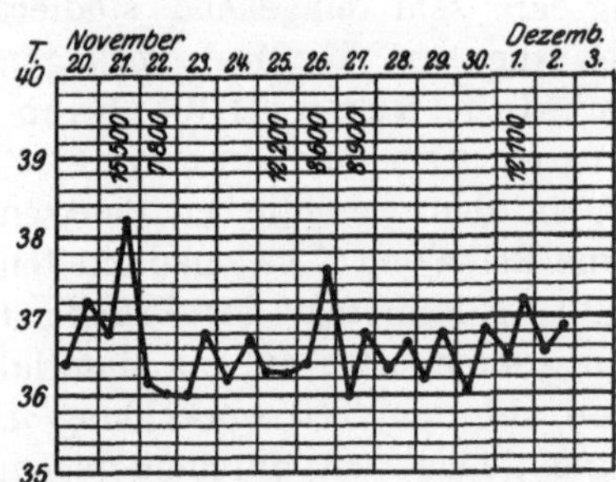

Abb. 21. Leukozytose vor dem Paroxysmus und im „Äquivalent".

Die Leukozytose ist bedingt durch die Vermehrung der neutrophilen Leukozyten. Stets besteht eine deutliche Arnethsche Verschiebung nach links, während die Lymphozyten gleichzeitig absolut und relativ vermindert sind. Es wiegen, wie besonders Benzler betont hat, die jugendlichen Formen, die sogenannten stabkernigen Leukozyten vor. Ihre Zahl ist im allgemeinen um so größer, je stärker die Leukozytose an sich ist. In solchen Fällen finden sich auch gelegentlich einzelne Myelozyten. Dies ist jedoch kein für das wolhynische Fieber pathognomonisches Zeichen, wie Hildebrandt anzunehmen scheint. Offenbar spielt die individuelle Reaktion dabei eine große Rolle; wissen wir doch auch von anderen mit Leukozytose einhergehenden Krankheiten, daß z. B. jugendliche Individuen dabei eine viel stärkere myeloische Reaktion aufweisen, als man es sonst beobachtet. Rückschlüsse auf den Sitz der Erkrankung im Knochenmark oder gar eine Erklärung der sogenannten Knochenschmerzen sind daher aus diesem Befunde nicht herzuleiten.

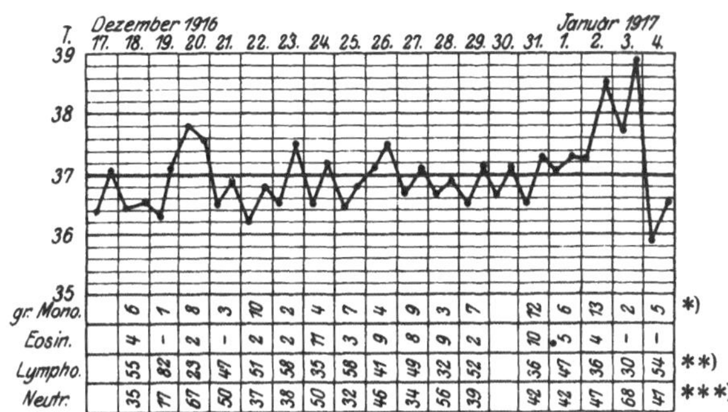

gr. Mono.	6	1	8	3	10	2	4	7	4	9	3	7		12	6	13	2	5	*)
Eosin.	4	–	2	–	2	2	11	3	9	8	9	2		10	5	4	–	–	
Lympho.	55	82	23	47	51	58	35	58	41	49	32	52		36	47	36	30	54	**)
Neutr.	35	17	67	50	37	38	50	32	46	34	56	39		42	42	47	68	41	***)

Abb. 22. Blutbild bei paroxysmalem Verlauf und ihr Intervall.

Angesichts der Erfahrungen bei der Malaria und anderen Protozoenerkrankungen ist auch mit V. Schilling daran zu erinnern, wie leicht Verwechselungen solcher Myelozyten mit atypischen großen Mononukleären vorkommen können. Die übrigen Leukozytenarten zeigen ebenfalls ein charakteristisches Verhalten. Die eosinophilen Zellen sind zwar im Anfang der Krankheit während der Anfälle etwas vermindert, sie fehlen aber nie ganz, wie man am dicken Tropfenpräparat, bei dem man gleichzeitig eine größere Zahl von Leukozyten übersieht, am besten erkennen kann. Die Lymphozyten sind vielgestaltig in ihrer Form, gebuchtete Kerne und große Exemplare sind häufig. Die Zahl der großen Mononukleären ist normal oder leicht erhöht (6—10%).

Mit dem Abklingen der Leukozytose ändert sich das Zahlen-

---

*) Außerdem mehrere Mastzellen (am 21. 24. 27. 28).
**) Unter den Lymphozyten viele Riederformen und Reizformen.
***) Unter den Neutrophilen Metamyelozyten und viele Stabkernige.

verhältnis der einzelnen Zellarten in charakteristischer Weise. Die
Lymphozyten erfahren eine starke Vermehrung und unter ihnen
nehmen, besonders im Anfang der Erkrankung, die großen und ge-
buchteten Formen weiter an Zahl zu. Auch atypische vom Typ der
sogenannten Riederzellen oder der S a h l i schen Lymphoidzellen finden
sich vielfach. Außerdem treten auch T ü r k sche Reizformen, Plasmazellen und Mastzellen auf. Die großen Mononukleären erreichen
pathologische Werte bis zu 15 % und höher. Die Eosinophilen nehmen
ebenfalls zu. Unter den Neutrophilen treten dagegen die jugendlichen Formen gegenüber den segmentkernigen mehr und mehr zurück.
Es besteht also ein ähnliches „buntes Blutbild", wie wir es bei nicht-
bakteriellen Erkrankungen z. B. bei Masern, Variola, Malaria und
auch bei Fleckfieber finden (S c h i l l i n g). Gegen Ende der Erkrankung
nehmen die abnormen Zellformen allmählich an Zahl ab, doch bleibt
gewöhnlich noch viele Wochen hindurch eine relative Lymphozytose
bestehen (Abb. 22).

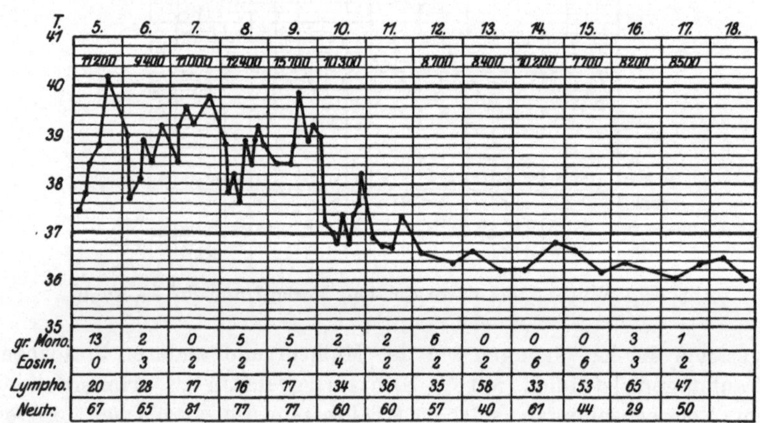

T. 41	5.	6.	7.	8.	9.	10.	11.	12.	13.	14.	15.	16.	17.	18.
(Leuko.)	11200	9400	11000	12400	15700	10300		8700	8400	10200	7700	8200	8500	
gr. Mono.	13	2	0	5	5	2	2	6	0	0	0	3	1	
Eosin.	0	3	2	2	1	4	2	2	2	6	6	3	2	
Lympho.	20	28	17	16	17	34	36	35	58	33	53	65	47	
Neutr.	67	65	81	77	77	60	60	57	40	61	44	29	50	

Abb. 23. Blutbild bei typhoidem Initialfieber. (Experimentelle Infektion durch
Läusebiss (Dr. Kuczynski).

B e i d e n **typhoiden Verlaufsformen** ist das Blutbild in allen
wesentlichen Zügen das gleiche, wenn auch im einzelnen manche Unterschiede hervorzuheben sind. Während des mehrtägigen Anfangsfiebers
besteht in der Regel die Leukozytose mit geringen Schwankungen
alle Fiebertage hindurch fort, um dann erst plötzlich zur Norm
abzusinken (Abb. 23). Das Zahlenverhältnis der verschiedenen Zellformen
ist ähnlich wie bei den paroxysmalen Fällen auch, nur entwickelt
sich hier schon während des Fiebers das oben beschriebene bunte
Blutbild, auch die Mononukleose tritt zuweilen schon nach einigen
Tagen deutlich hervor, ebenso wie die Eosinophilen an Zahl zunehmen.

Während der typhoiden Fieberbewegungen im weiteren Verlauf der
Erkrankung ist die Leukozytose dagegen häufig flüchtiger. Größtenteils finden sich Werte an der oberen Grenze der Norm und nur an
einzelnen Tagen treten in verschieden langen Intervallen einmal
stärkere Leukozytosen auf. Die septischen Fieberbewegungen sind
dagegen wieder durch häufigere und größere Schwankungen der
Zahlen ausgezeichnet. Die Linksverschiebung ist gewöhnlich geringer
ausgeprägt, dagegen ist die Häufung der abnormen Lymphoidzellen,
der Mononukleären und Eosinophilen auch hier bezeichnend (Abb. 24).

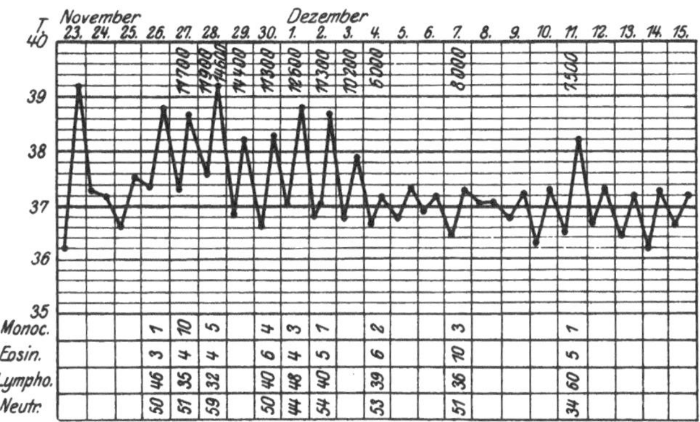

Abb. 24. Blutbild bei typhoidem Verlauf.

Bei den **rudimentären Fällen** bestehen nur in den ersten
Wochen der Erkrankung deutliche Verschiebungen des Blutbildes.
Man kann dann auch hier gelegentlich ausgeprägte Neurophilie mit

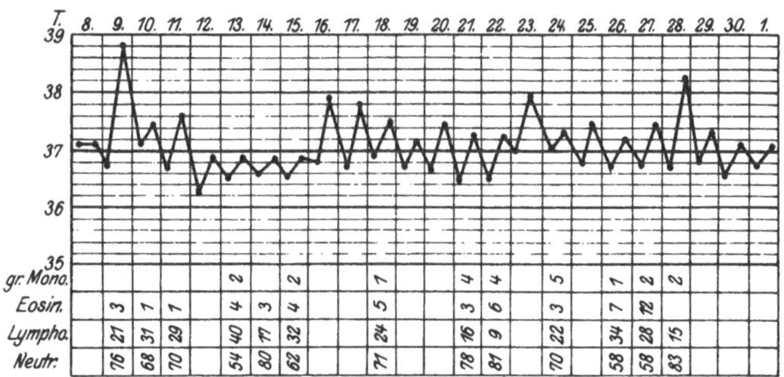

Abb. 25. Blutbild bei proximal rudimentärem Verlauf.

unreifen Leukozyten, pathologische Lymphoidzellen und Reizformen
finden. Große Mononukleäre und Eosinophile sind ebenfalls oft in
größerer Menge vorhanden (Abb. 25). Bei häufigen Zählungen gelingt

4*

es auch hier zuweilen, in mehr oder weniger regelmäßigen Intervallen, kurzdauernde Leukozytosen festzustellen (Abb. 26). Im weiteren Verlauf tritt aber immer mehr die langanhaltende relative Lymphozytose hervor, wie sie sich auch bei den anderen Verlaufsformen findet.

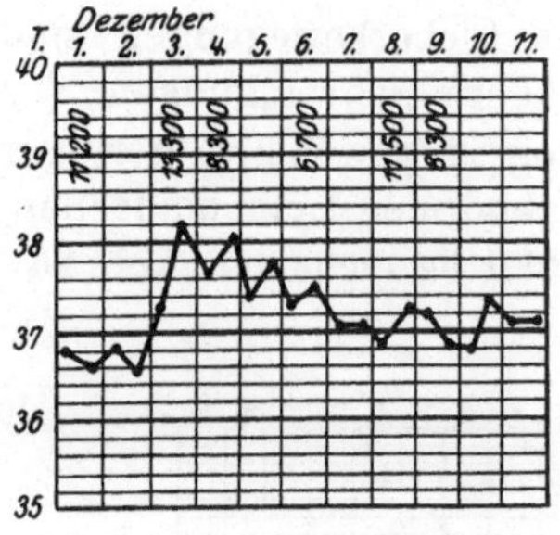

Abb. 26. Blutbild bei rudimentärem Verlauf. Leukocytose ohne Fieberparoxismus.

Die prinzipielle hämatologische Übereinstimmung ist also bei dem Vergleich der einzelnen Verlaufsformen unverkennbar. Das für das wolhynische Fieber charakteristische Blutbild ist die neutrophile Leukozytose während der Fieberstadien mit mehr oder weniger ausgeprägter links- bzw. stabkerniger Verschiebung. Dieser geht parallel oder folgt unmittelbar die Ausbildung des sogenannten bunten Blutbildes, worunter das Auftreten sehr variabel gestalteter großer Lymphoidzellen (Lymphozyten, Rieder-, Sahlizellen, Plasmazellen und Reizformen) und zahlreicher großer Mononukleärer zu verstehen ist. Die Eosinophilen fehlen auch im Beginn nicht und sind später eher vermehrt. Für das Intervall und das Endstadium ist die relative Lymphozytose kennzeichnend. Die Unterschiede, die die einzelnen Verlaufsarten aufweisen, sind demgegenüber, wie wir gesehen haben, soweit sie nicht nur quantitativer Natur sind, vor allem durch den zeitlich verschiedenen Ablauf der Veränderungen bedingt. Die besondere Berücksichtigung dieser Verhältnisse ist von Wichtigkeit, weil sie uns einen Einblick in das Wesen der während der Fieberzeiten im Körper ablaufenden Reaktionen gewährt. Wenn wir annehmen, daß die neutrophile Leukozytose jedesmal durch denselben spezifischen Knochenmarksreiz hervorgerufen wird, der seinerseits auch wieder zu der Genese des Fiebers selbst in Beziehung steht, so können wir in dem tagelangen Bestand der Leukozytose während des Anfangsfiebers ein ebensolanges Fortwirken dieses Reizes erkennen. Es handelt sich also im Prinzip um die gleiche Reaktion, wie bei dem kurzen Paroxysmus, nur daß sie hier zeitlich in die Länge gezogen erscheint. Ganz anders ist dagegen schon nach dem Blutbefund eine längere Fieberperiode im Verlauf der Erkrankung zu beurteilen, bei der nur einmal oder in gewissen Intervallen mehrmals eine kurzdauernde Leukozytose erscheint. Nur diese Tage sind dann den eigentlichen Anfällen gleichzuachten, während die Fiebergenese im übrigen auf andere Ursachen zurückzuführen sein dürfte. Hämatologisch findet das seinen Ausdruck in der gerade bei solchen Fällen besonders deutlichen lymphoiden Reaktion, die bei den kurzen Paroxysmen am geringsten ist und erst mit dem Absinken der Leukozytose einzutreten pflegt. Bei der Besprechung der Pathogenese wird auf diese Beziehungen zurückzukommen sein.

Die Veränderungen des roten Blutbildes sind weniger ausgesprochen. Im Anfall nimmt die Zahl der roten Blutkörperchen und der Hämoglobingehalt etwas ab, um sich aber zunächst rasch wieder auszugleichen. Bei schweren und langdauernden Fällen ist die Abnahme etwas stärker, so daß schließlich eine leichte, einfache Anämie resultiert, doch sahen wir niemals ernstere Schädigungen auftreten. Die roten Blutkörperchen selbst zeigen keine wesentlichen Veränderungen. Kernhaltige Formen beobachteten wir nur in einigen wenigen Fällen, häufiger sind dagegen polychromatophile und basophil punktierte Erythrozyten, die die englischen Autoren regelmäßig gefunden haben und die offenbar auch mit den von Zollenkopf beschriebenen und abgebildeten, aber wohl fälschlicherweise als spezifische Einschlüsse gedeuteten Körperchen identisch sind. Ein toxischer Blutzerfall, ähnlich wie bei der Malaria besteht jedenfalls nicht; das zeigt schon die Geringfügigkeit der Zahlenunterschiede vor, während und nach dem Anfall und das Ausbleiben einer vermehrten Urobilin- und Urobilinogenreaktion im Harn.

Eine für das wolhynische Fieber charakteristische Serumreaktion ist bis jetzt noch nicht gefunden worden, bemerkenswert ist jedoch das Verhalten der Widalschen Typhusreaktion und der Weil-Felixschen Proteusagglutination. Korbsch hat schon erwähnt, daß während der Erkrankung meist im Laufe von 14 Tagen der Titer der Typhusagglutination absinkt. Wir selbst haben eingehendere diesbezügliche Untersuchungen nicht vorgenommen, doch fiel uns auf, daß in den späteren Stadien der Erkrankung der Typhus-Widal stets vollständig negativ war. Es handelte sich in allen Fällen um regelmäßig durchgeimpfte Patienten, bei manchen von diesen lag die letzte Impfung erst kurze Zeit zurück, so daß man um so eher eine mehr oder weniger starke Agglutination hätte erwarten sollen. Man kann also wohl von einem durch die Erkrankung bedingten Agglutininschwund sprechen, der um so auffallender ist, als bei anderen fieberhaften Erkrankungen nach vorübergehendem Absinken eher ein unspezifisches Ansteigen des Titers vorkommt.

Viel wichtiger und theoretisch interessanter ist jedoch das gelegentliche Auftreten einer positiven Weil-Felixschen Proteus-Agglutination während des wolhynischen Fiebers. Wir wurden ganz zufällig auf dieses Phänomen aufmerksam bei einem Falle (Ki vgl. Fig. 23) experimentell erzeugten wolhynischen Fiebers, bei dem am 4. Krankheitstage bei noch bestehendem Fieber eine positive Agglutination von 1:200 gefunden wurde (St.-A. Meinicke). Am 10. Krankheitstage betrug der Titer nur noch 1:50, kurz darauf war er negativ. Wir haben später noch in 6 Fällen eine positive Weil-Felixsche Reaktion beobachtet, die allerdings, mit Ausnahme eines Falles, nicht über den Titer 1:50 hinausging. Es handelte sich jedesmal um ganz charakteristische Fälle von Febris wolhynica, die viele Wochen hindurch beobachtet und niemals mit Fleckfieberkranken zusammen gekommen waren. Die positive X_{19}-Agglutination beim wolhynischen Fieber ist also nach den bisherigen Erfahrungen ein seltenes Vorkommnis, das infolgedessen, wie Munk hervorgehoben hat, auch in keiner Weise den praktisch-diagnostischen Wert der Reaktion bei Fleckfieber zu beeinträchtigen imstande ist. Immerhin müßte man in systematischen Untersuchungen an einem großen Material darüber Aufschluß zu gewinnen versuchen, ob nicht im Beginn der Erkrankung oder bei bestimmten Verlaufsarten die Reaktion häufiger und stärker positiv ausfällt. In theoretischer Beziehung ist die Beobachtung von großer Wichtigkeit. Da der X_{19} in keiner Weise als Erreger des wolhynischen Fiebers in Frage kommt, kann die positive Weil-Felixsche Agglutination nicht als spezifische Immunitätsreaktion angesehen werden. Sie ist daher auch nicht geeignet, die Ansicht derer zu stützen, die in dem Bazillus X_{19} den Fleckfiebererreger vermuten. Das Auftreten der Reaktion bei zwei Krankheiten, die, obwohl klinisch sehr verschieden, ätiologisch wie wir sehen werden, in einer gewissen Beziehung zueinander stehen, weist aber darauf hin, daß hier im Körper Reaktionen ablaufen, die das Blutserum bei beiden Krankheiten in ähnlicher Weise beeinflussen können. Das Vorkommen einer positiven Wassermannschen Reaktion bei Scharlach, Frambösie, Poliomyelitis und Malaria dürfte ein analoger Vorgang sein.

Ätiologie des wolhynischen Fiebers.

Allgemeines: Die Frage der Ätiologie der Erkrankung beansprucht das gleiche Interesse wie das Studium der klinischen Erscheinungen. Denn durch den Nachweis eines spezifischen Krankheitserregers wird die Anerkennung als selbständiges Krankheitsbild und die Abgrenzung gegenüber anderen Erkrankungen erst definitiv gesichert. Die Forderung einer ätiologischen Definition wurde aber mit der Ausdehnung des Krankheitsbegriffes über den von His und Werner ursprünglich gezogenen Rahmen hinaus noch dringender. Obwohl die klinische Symptomatologie und — wie wir noch sehen werden — auch das Ergebnis der epidemiologischen Erfahrungen an der Zusammengehörigkeit der verschiedenen von uns beschriebenen Krankheitsformen keinen Zweifel lassen, so kann das wichtigste Glied in der Kette der Beweise doch nur der Nachweis der gleichen Ätiologie sein. Umgekehrt kann aber auch die vielfach schwierige klinische Diagnostik durch den Nachweis des Erregers eine wertvolle Unterstützung und Erleichterung erfahren. Eng verknüpft mit der Frage der Ätiologie ist ferner die Frage der natürlichen Übertragung der

Krankheit, deren Lösung die Grundlage für eine wirksame prophy-
laktische Bekämpfung bildet. Das Studium der morphologischen und
biologischen Eigenschaften des Erregers endlich muß uns Aufschluß
geben über die Beziehungen des wolhynischen Fiebers zu anderen
Erkrankungen und die nosologische Stellung im System der Infektionskrankheiten überhaupt, ebenso wie es der Ausgangspunkt für die
Auffindung einer spezifischen Therapie werden kann. —

Zur Lösung dieser Fragen standen von Anfang an verschiedene
Wege zur Verfügung, deren Verfolgung in mancher Beziehung bereits zu gesicherten Ergebnissen oder wenigstens zu bestimmten, für
die Weiterarbeit richtunggebenden Vorstellungen geführt hat.

Übertragung auf Menschen und Versuchstiere: Die Grundlage
des Studiums der Ätiologie der Erkrankung bildet der experimentelle
Nachweis ihrer infektiösen Natur, d. h. ihrer Übertragbarkeit. Er
wurde bei uns zunächst durch Werner und Benzler erbracht, die
bei sich selbst durch intramuskuläre Injektion von Blut, das sie einem
Kranken im Anfall entnommen hatten, die Krankheit hervorrufen
konnten. Subkutane Injektion sicher infizierten Blutes war dagegen sowohl bei Werner und Benzler, wie auch in einem unserer
Versuche erfolglos. Das gleiche Resultat hatten die in großem Umfange von McNee, Renschaw und Brunt in der englischen
Armee ausgeführten Versuche, bei denen auch wiederholte Passagen
von Mensch zu Mensch durch Blutüberimpfung erfolgreich waren.

Für die Klinik der Erkrankung sind diese Versuche am Menschen
von der größten Wichtigkeit. Aus den Temperaturkurven von Werner
und Benzler geht schon hervor, daß der Fieberverlauf der übertragenen Erkrankung nicht mit dem des ursprünglichen Krankheits-
falles übereinzustimmen braucht. Obwohl das infektiöse Blut von
einem typisch in 5 tägigem Rhythmus fiebernden Kranken stammte,
verliefen bei beiden die Anfälle unregelmäßig. Den Beginn bildete
ein 3 bzw. 5 Tage dauerndes Anfangsfieber mit mehr oder weniger
tiefen Remissionen; die späteren Anfälle stellten sich in Abständen
von 3, 2 oder auch nur einem Tage ein. Noch deutlicher zeigen die
Kurven der englischen Autoren die Verschiedenheiten des Krankheitsverlaufes. Aus typisch paroxysmalen Fällen entstanden durch
Weiterverimpfung von virushaltigem Blut Erkrankungen mit ausgesprochen typhoidem Krankheitsverlauf. Langdauerndes, hohes Initialfieber leitete die Erkrankung ein und Perioden mehr oder weniger
langen kontinuierlichen Verlaufs folgten oder wurden wieder von
einzelnen kurzdauernden Paroxysmen abgelöst. Umgekehrt gingen
aus der Verimpfung von Blut, das zu Zeiten kontinuierlichen Fiebers
entnommen und weiterverimpft war, typische paroxysmale Verlaufsformen hervor. Das gleiche Resultat hatten auch die Übertragungsversuche Strisowers.

Es ist damit also der endgültige und experimentelle Beweis geliefert, daß die von uns zuerst aus klinischer Beobachtung erschlossene Annahme der Zusammengehörigkeit der verschiedenen Verlaufsformen zu einer und derselben durch die gleiche Ätiologie bedingten Krankheit zu Recht besteht.

Die Übertragungsversuche auf Tiere haben bisher noch wenig übereinstimmende Resultate gezeitigt. Töpfers Angabe, daß durch Verimpfung von Krankenblut beim Meerschweinchen eine ähnlich wie Fleckfieber verlaufende Erkrankung entsteht, konnten weder Rocha-Lima noch wir selbst bestätigen. — Rocha-Lima beobachtete unter 44 Meerschweinchen-Versuchen 7 mal eine mehrere Wochen anhaltende leichte periodisch undulierende Temperatursteigerung. Passagen von Meerschweinchen zu Meerschweinchen gelangen indessen nicht. Kaninchen verhalten sich refraktär (eigene Versuche, Rocha-Lima, Töpfer, Strisower). Ob Affen für wolhynisches Fieber empfänglich sind, ist noch unsicher. Bei einem Makaken, den Schilling mit 5 ccm Citratblut intraperitoneal infizierte, das einem Wolhyniker, allerdings im vorgeschrittenen Stadium der Krankheit, unmittelbar nach einem Anfall entnommen war, beobachteten wir am 21. Tage eine kurzdauernde leichte Temperatursteigerung ohne andere Krankheitszeichen, spätere Anfälle traten nicht mehr auf (Abb. 27).

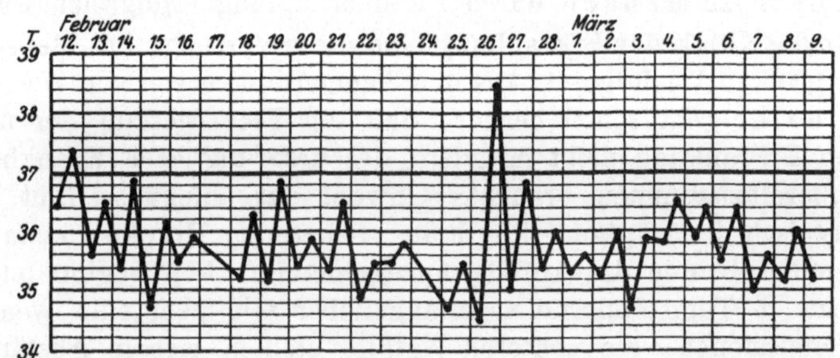

Abb. 27. Affe A. am 7. II. 18 mit 10 ccm Blut von F. W. (Pat. G.) intraperitonal infiziert.

Am empfänglichsten für die Infektion sind Mäuse und Katzen. Über die Übertragung auf Mäuse habe ich zuerst gemeinsam mit Kuczynski berichtet. Wir verfügen jetzt im ganzen über 125 Versuche, in denen es uns gelang, bei der Maus eine meist tödlich endende Krankheit mit charakteristischen Symptomen zu erzeugen. Es ist notwendig, das Blut im Beginn des Anfalles zu entnehmen, die intraperitoneal injizierte Menge betrug bei unseren Versuchen meist 0,2—0,8 ccm, gelegentlich auch 1,5 ccm. Die sehr wilde, graue Haus- und Feldmaus, mit der wir mangels anderen Materials arbeiteten, sitzt 12—16 Stunden nach der Injektion, — bei schwächerer Impfung dauert es nicht zuweilen 2—3 Tage, — mit gesträubtem Fell still da, ohne Fluchtda suche zu machen. Die Beine tragen das Tier nicht mehr, so daß der Bauch den Boden berührt, auf Kneifen des Schwanzes treten nur matte Abwehrbewegungen ein. Es besteht beschleunigte, oft unregelmäßige Flankenatmung. Dieser Zustand wird in manchen Fällen zunächst überwunden, um nach kurzer Zeit erneut und verstärkt wieder aufzutreten. Das Tier verfällt einer zunehmenden Somnolenz. Es liegt lange Zeit regungslos mit ausgestreckten Extremitäten auf dem Bauche oder auf einer Seite. Reizt man es durch starkes Kneifen, so rafft es sich noch zu schwachen Fluchtversuchen auf, wobei eine beträchtliche Ataxie bemerkbar wird. Das Tier taumelt und überschlägt sich. Schließlich tritt unter Lähmungen und halb- oder beiderseitigen Krämpfen der Tod ein. Bei der Sektion fanden wir nicht selten eine Hyperämie der Meningen, in einem Teil der Fälle eine deutliche, aber nicht sehr erhebliche Milzschwellung. In 18 Fällen versuchten wir die Erkrankung von Maus zu Maus zu übertragen. 12 mal gelang es uns durch Weiterverimpfung von Herzblut, das dem erkrankten Tier kurz vor dem zu erwartenden Tode bei der Sektion entnommen worden war, die gleichen Krankheitserscheinungen bis zur 3. Passage zu erzeugen. Da bei den Passagen nur Mäuseblut in Mengen von 0,2—0,4 ccm verwandt wurde, so entfällt der von Schilling erhobene Einwand, unsere Mäuse seien unter der Einwirkung zu großer Mengen artfremden Blutes zugrunde gegangen. — Neuerdings hat Strisower unsere Mäuseversuche in vollem Umfange bestätigt. Von 20 mit 0,3—0,7 ccm Blut infizierten weißen Mäusen starben 14 unter den typischen oben geschilderten Krankheitserscheinungen. Dieselben Symptome boten 7 Mäuse, die mit Milzbrei erkrankter Mäuse infiziert worden waren. Töpfer, Rocha-Lima und Roos hatten bei Nachprüfungen unserer Versuche negative Resultate. Da sie aber meistens schon fast abgelaufene Krankheitsfälle zur Übertragung benutzten, auch wohl der Zeitpunkt der Blutentnahme nicht immer richtig getroffen war, liegen ungleiche Bedingungen vor.

Die Übertragung auf Katzen gelang Strisower in 5 von 6 Fällen. Im Laufe von 7—14 Tagen steigt die Temperatur langsam an, die Tiere verlieren die Fresslust, schließlich treten, ganz ähnlich wie bei infizierten Mäusen, Paresen der Hinterbeine, tetanische Krämpfe und Drehbewegungen auf. Am 3. Krankheitstage tritt unter plötzlicher Temperatursenkung gewöhnlich der Tod ein. Mit Katzenblut und Katzenmilzbrei geimpfte Mäuse erkrankten in typischer Weise.

Durch diese Versuche am Tier und Menschen ist erwiesen, daß der Erreger während der Anfälle im Blute kreisen muß. Darüber hinaus enthalten die Versuche der englischen Autoren die ersten Angaben über die Beziehungen des Virus zu den einzelnen Blutbestandteilen und seine Filtrierbarkeit. Es ergab sich, daß weder durch Serum noch durch Plasma allein eine Übertragung möglich war, während die Infektion mit Gesamtblut, mit roten Blutkörperchen allein oder mit aufgelösten roten Blutkörperchen jedesmal erfolgreich war. Die Autoren schließen daraus, daß das Virus an die roten Blutkörperchen oder die Leukozyten gebunden ist.

Die Filtrierbarkeit des Virus wurde am Serum und an aufgelösten roten Blutkörperchen geprüft: in keinem Falle erwies sich das Filtrat als infektiös. Rocha-Lima hatte ebenfalls negative Ergebnisse bei Filtrationsversuchen und späterer Verimpfung des Filtrats auf Meerschweinchen. Es ist daher die Schlußfolgerung gerechtfertigt, daß der Erreger ein mikroskopisch sichtbarer Organismus sein muß.

Nach diesen Ergebnissen mußte die direkte mikroskopische Untersuchung des Blutes erfolgverheißend erscheinen, zumal die äußere Ähnlichkeit des Krankheitsverlaufs mit Malaria oder Rekurrens den gleichen Weg wies.

Die Rickettsia wolhynica. Daß die Erkrankung mit der Malaria nichts zu tun hat, hat die Blutuntersuchung an vielen Hunderten von Fällen mit Sicherheit erwiesen. Es wurden niemals Malariaplasmodien oder diesen ähnliche Gebilde beim wolhynischen Fieber gefunden. In einigen wenigen Fällen, in denen zeitweise Malariaplasmodien vorhanden waren (eigene Beobachtungen, Munk) zeigte der klinische Verlauf und der Erfolg der Chinintherapie, daß es sich um eine rein zufällige Kombination beider Erkrankungen handelte. — Die von Zollenkopf in roten Blutkörperchen gefundenen Gebilde sind sicher ebenso wenig protozoärer Natur wie die von Fr. F. Schmidt beschriebenen frei im Plasma nachgewiesenen kernhaltigen Körperchen. Es handelt sich offenbar um Verwechslungen mit basophilen Granulationen bzw. mit normalen Blutplättchen, wie man sie häufig in Ausstrichpräparaten sehen kann.

Weniger leicht ist der Beweis zu erbringen, daß zwischen der Rekurrens und dem wolhynischen Fieber kein ätiologischer Zusammenhang besteht. Angaben über Spirochätenbefunde im Blut von Wolhhynikern finden sich in der Literatur eine ganze Reihe. Als erster hat Korbsch spirochätenähnliche Gebilde im lebenden Blut und im gefärbten Ausstrichpräparat nachgewiesen und später hat Koch offenbar dieselben Gebilde als ätiologisch bedeutungsvoll bezeichnet. Es handelt sich der Form und Größe nach um sehr variable Dinge, die vom großen Diplokokkus zum mehr oder weniger langen und dicken Faden, bis zur vielfach gewundenen, perlschnurartigen, am Ende verdickten oder ausgezogenen Kette alle Übergänge aufweisen. Sie sind nach Korbsch mit Giemsa oder kombinierter Giemsa-May-Grünwaldfärbung, nach Koch am besten mit verdünnter Karbolfuchsinlösung nachweisbar. Wenn auch bei einzelnen dieser Gebilde eine morphologische Ähnlichkeit mit gewissen Zerfallsprodukten echter Spirochäten, wie man sie bei der Krise im Blut des Rekurrenskranken findet, zweifellos vorhanden ist, so erwecken doch die meisten von den Autoren wiedergegebenen Abbildungen berechtigte Zweifel, ob es sich überhaupt um belebte Organismen handelt. Die häufige Verbindung mit dem Stroma der roten Blutkörperchen, und der bisher nur in Ausstrichpräparaten gelungene Nachweis, legt den Gedanken nahe, daß es sich um Kunstprodukte handelt. Beim Ausstreichen des Blutes auf dem Objektträger werden rote und weiße Blutkörperchen nur zu leicht lädiert, so daß Eiweißsubstanzen aus ihnen ins Plasma austreten, die beim Trocknen dann in den mannig-

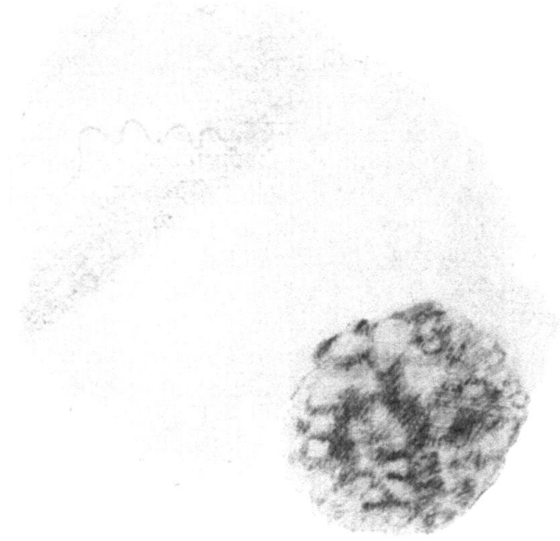

Abb. 28. Spirochaeten im dicken Tropfen. Fall V. vom 24. X. 16. 2 mm 18 ¹).

fachsten Formen koagulieren. Knack hat daran erinnert, daß man die gleichen Gebilde — sog. Pseudospirochäten — auch im normalen Blut unter geeigneten Bedingungen leicht erzeugen kann. Wir selbst konnten bei längerer Beobachtung kleiner Blutstropfen unter dem Mikroskop bei beginnender Eintrocknung und leichtem Druck auf das Deckglas häufig die Entstehung derartiger Gebilde beobachten, die sich dann mit lebhafter Molekularbewegung von den Blutkörperchen ablösen. Sie sind also, wie auch Korbsch selbst später anerkannt hat, nicht als echte Spirochäten oder deren Abkömmlinge zu deuten und es sind damit die Schlußfolgerungen hinfällig, die

---

¹) Abb. 28—32 u. 45—47 sind nach Originalzeichnungen von Kuczynski reproduziert (vergl. auch Zeitschr. f. klin. Med. 85. 1917).

insbesondere Koch für die Klinik des wolhynischen Fiebers aus seinen Befunden abgeleitet hat. Ganz vereinzelt wurden allerdings von mehreren Autoren auch echte Spirochäten in Blutausstrichen und dicken Tropfenpräparaten nachgewiesen. — Werner, Töpfer, Joh. Müller, Riemer und wir selbst haben je einmal einen derartigen Befund erhoben (Abb. 28). Riemer gelang es sogar, die Spirochäte durch Aussaat von Krankenblut in steriles menschliches Serum zur Vermehrung zu bringen. Sie färbte sich leicht mit Giemsa, war Gram negativ, hatte 4 oder 8 Windungen und führte in lebendem Zustande lebhafte schlagende und peitschende Bewegungen aus. Die Wernersche Spirochäte war der Rekurrensspirochäte ähnlich, aber länger als diese (ca. 1^1/$_2$ Erythrocytendurchmesser). Die von uns im Falle V. in einem dicken Tropfenpräparate gefundene Spirochäte hatte 4 tiefe Windungen und eine Länge von mehr als 2 Erythrocytendurchmesser. J. Müller beschreibt die von ihm gesehene als der Spirochaeta Duttoni, dem Erreger der afrikanischen Rekurrens ähnlich; sie fand sich in dem betreffenden Krankheitsfalle in großer Zahl, allerdings nur während eines einzigen Anfalles.

Eine ätiologische Bedeutung kann aber auch diesen Befunden nicht zuerkannt werden. Gegenüber den vielen Hunderten von Fällen, in denen der Befund stets negativ war, handelt es sich nur um ganz seltene Einzelvorkommnisse. Bei der europäischen Rekurrens hatte Eggebrecht schon 30% positive Spirochätenbefunde; unsere heutigen verfeinerten Methoden (Tuscheverfahren, Dunkelfeld) haben diese Zahl beträchtlich vergrößert und auch bei den schwerer und seltener nachweisbaren Spirochäten der anderen Rekurrensarten glückt der Nachweis des Erregers doch immerhin oft genug, um die Natur der Erkrankung, wenn sie gehäuft auftritt, ätiologisch mit Leichtigkeit sicherstellen zu können. Um so weniger wird man aber angesichts dieser Tatsachen aus den abnorm seltenen Spirochätenbefunden beim wolhynischen Fieber allgemeine ätiologische Schlußfolgerungen ziehen können, als die von den verschiedenen Autoren nachgewiesenen Spirochäten nicht einmal untereinander identisch sind, es fehlen ferner gelungene Übertragungsversuche auf Tiere und Menschen und endlich der Nachweis des gleichen Erregers im natürlichen Überträger der Krankheit.

Viel wahrscheinlicher ist die Deutung, daß es sich um saprophytische, mit der Krankheit selbst gar nicht in Zusammenhang stehende Mikroorganismen handelt. Sind doch auch bei anderen sicher nicht hierher gehörigen Krankheiten, z. B. von Tiroloix und Durand Spirochäten im Blut gefunden worden und bei verschiedenen Tierarten, z. B. bei Mäusen, ist ein gelegentlicher Spirochätenbefund im Blut keine Seltenheit (Sobernheim). Vielleicht wird man beim Menschen bei besonders darauf gerichteter Aufmerksamkeit, die gleiche Erfahrung noch häufiger machen können.

Meine eigenen Untersuchungen über die Ätiologie des wolhynischen Fiebers begannen im Februar 16 an einigen Fällen der paroxysmalen Verlaufsart. Ich fand damals im nativen, im Anfall entnommenen Blutpräparat sehr kleine, stark lichtbrechende, beweglichscheinende diplobazillenähnliche Gebilde, die bald als Achter-, bald als Hantelformen imponierten. Dieselben Körperchen lassen sich auch in frischen nach Giemsa oder mit konzentriertem Gentianaviolett gefärbten Trockenpräparaten nachweisen.

Für die ätiologische Bedeutung dieser Gebilde sprach insbesondere die Tatsache, daß sie nur zur Zeit der Anfälle im Blut zu finden waren, im Intervall bei normalen oder an wohl definierten anderen Krankheiten leidenden Kontrollfällen dagegen fehlten. Nach Injektion von im Anfalle entnommenem Blut in die Bauchhöhle von Meerschweinchen oder Mäusen waren sie auch hier im strömenden Blut und später auch in Ausstrichen von Milz, Leber und Knochenmark nachzuweisen.

Spätere vom August 1916 an in Gemeinschaft mit Kuczynski an einem größeren Material und mit besseren technischen Hilfsmitteln ausgeführte Untersuchungen führten zur Bestätigung und Erweiterung der früheren Befunde. Zum Nachweis der Körperchen und zur Vermeidung von täuschenden Verwechselungen mit Bakterien und Kunstprodukten ist rasches und peinlich steriles Arbeiten Vorbedingung. Im frischen Blutpräparat sieht man dann meist erst nach einigem Suchen, die sehr spärlichen, an ihrer starken Lichtbrechung leicht kenntlichen Hantelformen, an denen man zwei nicht immer gleichgroße, deutlich abgegrenzte Pole und ein weniger deutliches und helleres, verschieden lang ausgezogenes schmäleres Mittelstück unterscheiden kann. Dieses ist oft so kurz, daß es kaum oder gar nicht hervortritt, so daß die Körperchen als einfache Doppelkörnchen erscheinen. (Abb. 29). Sie haben eine lebhafte, taumelnde Molekularbewegung, jedoch keine Eigenbewegung. Längerer Beobachtung entziehen sie sich häufig durch Agglutination an die roten Blutkörperchen. Im trockenen fixierten Ausstrichpräparat sind

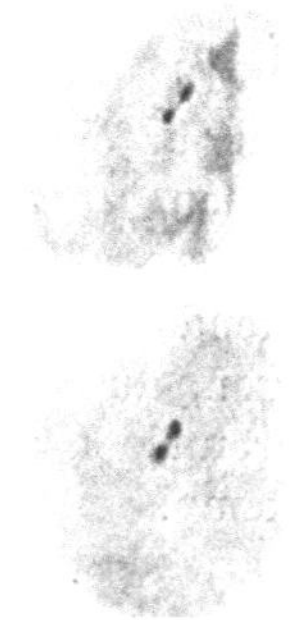

Abb 29. Ricketts. wolhyn. im dicken Tropfen. 2 min. 18.

sie schwer und selten auffindbar. Am besten gelingt ihr Nachweis mit der Methode des dicken Tropfens, wobei wir, um Verunreinigungen zu vermeiden, folgende Technik benutzten: Eine Ohrmuschel des Patienten wird in ruhiger Seitenlage sorgfältig mit Jodtinktur desinfiziert und ein Ätherbausch flüchtig dagegen gedrückt. Nach Einstich mit steriler Nadel in den Helix wird das hervorquellende Blut auf einem Objektträger aufgefangen, der vorher gekocht, mit Spiritus geputzt und in steriler Schale staubsicher verwahrt ist. Der Blutstropfen muß, um Zerdrücken von Blutzellen zu vermeiden, durch Kapillarattraktion an den Objektträger anspringen; durch leicht rotierende Bewegungen des nach unten gekehrten Objektträgers gelingt es, ihn in etwa 5-Pfennigstückgröße in gleichmäßiger, geringer Schichtdicke auszubreiten. Es empfiehlt sich in derselben Weise gleichzeitig mehrere Präparate herzustellen. Rinnt das Blut an der Ohrmuschel herab, so ist erneute Jodierung und Trocknung der Haut mit Äther notwendig. Jede Luftbewegung durch Sprechen oder unzweckmäßiges Atmen ist bei der Entnahme zu vermeiden. Die frischen Blutstropfen werden mit der Schicht nach unten, in sauberen, nach außen gut geschlossenen Behältern bis zum völligen Trocknen aufbewahrt. Zur Entfernung des Hämoglobins kommen die Objektträger auf Objektträgergestellen in sterile Glasdosen mit frisch destilliertem und sterilisiertem, vorher gekühltem Wasser. Dort verbleiben sie so lange, bis die dicken Tropfen ohne einen gelblichen Schimmer milchig weiß erscheinen. Nach Fixierung in Methylalkohol (10 Minuten) wird nach Giemsa gefärbt (1 Tropfen Farblösung auf 2 ccm abgekochtes Wasser 3—4 Stunden). Die Tropfen erscheinen dann makroskopisch in der Durchsicht blassblau mit rötlichem Rande. Mikroskopisch sieht man die Leukozyten als leuchtende Flecke auf blassbläulichem Grunde. Dieser selbst ist völlig körnchenfrei und enthält nur stellenweise Thrombozytenhaufen, zuweilen von diesen ausgehende fein rötlich gefärbte Fibrinnetze. —

Die von uns nachgewiesenen hantelförmigen Körperchen findet man in einem Präparat stets nur sehr vereinzelt nach längerem Suchen, oft sind mehrere Präparate ganz negativ. Die Gebilde selbst sind sehr klein, ihre Größe entspricht etwa $^1/_6$ bis $^1/_4$ des Erythozytendurchmessers, also etwa 1—2 μ. Sie bestehen aus zwei polständigen, durch eine schmälere, schwächer färbbare Brücke miteinander verbundenen runden oder leicht ovoiden Kügelchen. Bei größeren Exemplaren beruht der Längenzuwachs im wesentlichen auf einer Ausziehung des Verbindungsstückes. Die Größe der Endgranula beträgt ungefähr 0,3—0,4 μ. Der Farbenton bei Anwendung der Giemsafärbung ist ein durchaus charakteristischer. Sie sind weder hellrot, chromatinfarben, noch protoplasmafarben blau, sondern deutlich rötlich-violett tingiert, nach Gram entfärben sie sich. Sehr selten begegnet man Exemplaren, deren Mittelstück anscheinend durch einen Quellungsprozess leicht aufgetrieben erscheint. Dadurch wird ein zarter Periblast sichtbar, der an der gewöhnlichen Hantelform nicht zu erkennen ist. Zuweilen erscheinen sie von einem helleren Hof umgeben, der die Annahme der Anwesenheit einer Schleimschicht (Kapsel) nahelegen könnte. Es handelt sich aber offenbar nur um ein durch die Präparation bedingtes Kunstprodukt, vergleichbar etwa den Formveränderungen, die von den Botanikern bei verschiedenen

Bakterien durch Austrocknung, Fixierung und Untersuchung in Kanadabalsam oder Ölen gefunden wurden.

Das Auftreten dieser Körperchen in strömendem Blut steht nach unserer Erfahrung in strenger Abhängigkeit vom Krankheitsverlauf. Bei den paroxysmalen Fällen fanden wir sie mit großer Regelmäßigkeit im Beginn des Anfalles. Die begleitende Leukozytose erschien uns als das zuverlässigste Anzeichen den geeignetsten Zeitpunkt für den Nachweis zu erfassen. In Fällen, in denen die Leukozytose schon vor dem eigentlichen Fieberanfall vorhanden ist, waren sie zu dieser Zeit auffindbar, auf der Höhe der Fiebersteigerung bei rückgängiger oder abgeklungener Leukozytose, aber schon nicht mehr. Im Intervall fanden wir sie niemals. Während des Initialfiebers gelingt ihr Nachweis gewöhnlich mehrere Tage hintereinander. Als wir später bei den typhoiden und rudimentären Verlaufsformen in gleicher Weise das Blut untersuchten, fanden wir sie auch bei den Fällen mit typhoiden und septischen Fieberkurven. Bei den rudimentären Formen dagegen kommen sie nur sporadisch, zu Zeiten gesteigerter Beschwerden, also während sog. unterdrückter Anfälle vor.

Derartige hantelförmige Doppelkörperchen wurden außer von uns auch von Töpfer, Werner und Benzler, Rocha-Lima und Schittenhelm und Schlecht im Blute von Wolhynikern gefunden. Dagegen scheint es mir zweifelhaft, ob die von Brasch beschriebenen pneumokokkenähnlichen Mikroorganismen mit unseren Körperchen identisch sind. Sie erreichen offenbar die Größe der gewöhnlichen Bakterien sehr nahe und sind nach den Angaben von Brasch derartig zahlreich in einem dicken Tropfenpräparat, daß sie kaum der Beobachtung anderer Untersucher hätten entgehen können, wenn sie überhaupt einen spezifischen Befund darstellten. Es ist wohl, ebenso wie bei dem von Galambos und Rocek in einem Falle von wolhynischem Fieber gefundenen sarzineähnlichem Kokkus anzunehmen, daß es sich um rein zufällige bakterielle Verunreinigungen handelt, die in dem dicken Blutstropfen bei unzweckmäßiger Präparation einen geeigneten Nährboden zur Vermehrung gefunden haben. Wenn Versuche, diese Kokken auf den gewöhnlichen Nährböden zu züchten, fehlgeschlagen sind, so wohl nur deshalb, weil dabei das steril entnommene Krankenblut, in dem die Kokken nicht enthalten waren, zur Kultur verwandt wurde. Durch Abimpfung aus dem betreffenden frischen dicken Tropfen vom Objektträger hätte sich vermutlich die Herkunft und Bedeutung der fraglichen Mikroorganismen leicht ermitteln lassen.

Wenn demgegenüber das Vorhandensein der von uns beschriebenen hantelförmigen Gebilde im Blute des Wolhynikers zwar als feststehende Tatsache anzusehen ist, so gehen die Ansichten über die Deutung der Befunde doch noch auseinander. Töpfer hat seine ursprüngliche Annahme, daß die Gebilde ätiologische Bedeutung haben, später selbst als irrtümlich zurückgenommen. Werner und Benzler und Rocha-Lima bestreiten zwar nicht direkt, daß es sich um den gesuchten Krankheitserreger handeln könne, vermögen jedoch die betreffenden Körperchen nicht von ähnlichen, die sie im Blute von anderen Kranken, bzw. von normalen Menschen gefunden haben, zu unterscheiden. Wir selbst glauben einer Verwechselung mit von außen kommenden, a priori nicht im Blute vorhanden gewesenen Verunreinigungen bakterieller Art oder anorganischer Staubteilchen durch die Sorgfalt der oben beschriebenen Technik entgangen zu sein. Handelte es sich um bakterielle Verunreinigungen, so wäre es unverständlich, warum jedesmal und ausschließlich nur zu bestimmten Zeiten im Verlauf der Erkrankung die immer gleich aussehenden Körperchen zu finden sind. Man müßte annehmen, daß gleich häufig und zu beliebigen Zeiten sowohl kokkenähnliche, als auch stäbchenförmige Organismen nachzuweisen wären. Außerdem ist zu betonen, daß die gewöhnlichen in der Luft oder im Wasser vorkommenden Kokken bedeutend größer als unsere Hantelformen sind, daß sie sich bei der Gramfärbung in der Regel nicht entfärben und bei der Giemsafärbung entweder den rein roten oder den rein blauen Farbenton annehmen. Kleinste Staubteilchen differieren untereinander in der Form, sie sind meistens nicht rund, sondern eckig und unscharf begrenzt und von gelbbräunlicher Eigenfarbe, die sie auch bei verschiedenen Färbungen, besonders bei der Giemsafärbung beibehalten. An verunreinigten Präparaten kann man sich jederzeit diese an sich gewiß möglichen Fehlerquellen vor Augen führen.

Die Anwendung unserer Technik schützt unserer Erfahrung nach aber auch vor Verwechslungen mit Bestandteilen des normalen Blutes. Leukozytengranula, die in erster Linie in Frage kommen, sind bei unserer Präparationsmethode in den kugelig zusammengezogenen und geschrumpften Leukozyten, meistens überhaupt nicht mehr erkennbar. Sind sie sichtbar geblieben, so liegen sie gewöhnlich in großer Zahl in der Nähe der Zellen beieinander; sie sind auch wesentlich kleiner als die hantelförmigen Gebilde und färben sich anders. Thrombozytenreste liegen entweder einzeln oder in größeren Haufen nebeneinander, sie sind ungleich groß, sehr vielgestaltig, und haben bei Giemsafärbung deutliche Chromatinfärbung; Erythrozytenreste sind in einwandfreien Präparaten, die allein für diese Untersuchungen in Frage kommen, nicht vorhanden.

Unter Berücksichtigung aller dieser Fehlerquellen erwies sich uns der Befund der hantelförmigen Gebilde als streng spezifisch für das wolhynische Fieber. Wohl hatten wir auch in sicheren Fällen negative Resultate, niemals haben wir aber im Falle anderer Erkrankungen positive Befunde erheben können. Die wenig charakteristische Form und Kleinheit der Gebilde, die Seltenheit ihres Vorkommens und die Kompliziertheit der anzuwendenden Technik, die engstes Zusammenarbeiten zwischen Klinik und Laboratorium erfordert, erschwert allerdings ihren Nachweis sehr erheblich, so daß für die praktische Diagnostik, wie wir uns selbst mehr und mehr überzeugt haben, nicht viel darauf zu geben ist. Es ist auch ohne weiteres zuzugeben, daß allein aus unseren Blutbefunden, selbst wenn sie als spezifisch allgemein anerkannt wären, noch keineswegs der Schluß abzuleiten ist, daß wir hier den Erreger der Krankheit vor uns haben. Die wichtigste Forderung zur Bestätigung dieser Annahme wäre die Möglichkeit, den gleichen Organismus aus dem Krankenblut züchten und auf künstlichen Nährböden beliebig zur Vermehrung bringen zu können. Leider haben alle daraufhin gerichteten Bemühungen bisher noch zu keinem sicheren Ergebnis geführt und solange sind wir auf eine indirekte Beweisführung angewiesen. Werner und Benzler berichten allerdings, daß es ihnen gelungen sei, in einer größeren Zahl von Fällen bei wochenlanger anaerober Bebrütung auf verschiedenen Nährböden aus dem Blute von Fünftagefieberkranken einen Organismus zu kultivieren, der seinen morphologischen und färberischen Eigenschaften nach offenbar die größte Ähnlichkeit mit den von uns im Blute gefundenen Gebilden aufweist. Es handelte sich um ausschließlich anaerob wachsende runde, bzw. ovale Körnchen, die wesentlich kleiner als Staphylokokken waren und sich mit Giemsalösung im Romanowskyton färbten. Durch intravenöse, bzw. intramuskuläre Injektion einer derartigen Kultur ließen sich bei Kaninchen und Katzen Temperaturkurven erzielen, die in hohem Maße an Fünftagefieberkurven erinnerten. Da dieselben Autoren aber auch bei „Gesunden" ähnliche Organismen bei Anwendung der gleichen Technik aus dem Blute haben züchten können, wird die Bedeutung ihres Befundes zunächst sehr eingeschränkt. Er wäre als ätiologisch wichtig nur unter der Voraussetzung zu bewerten, daß diese „Gesunden" Virusträger gewesen sind, eine noch zu beweisende Annahme, die aber, wie wir sehen werden, einige Wahrscheinlichkeit für sich hat. Von anderer Seite sind die Werner-Benzlerschen Befunde bisher noch nicht bestätigt worden.

Einen wesentlichen Fortschritt in der Klärung der Ätiologie bedeutet die Auffindung charakteristischer Mikroorganismen in dem natürlichen Überträger der Krankheit, der Kleiderlaus. Töpfer hat das Verdienst, sie als erster im Mageninhalt von Läusen, die von Kranken mit typischen Fieberanfällen und charakteristischen Beschwerden stammten, nachgewiesen zu haben. Ihre ätiologische Bedeutung glaubte er dadurch sichern zu können, daß die gleichen Befunde auch Läuse aufwiesen, die im Experiment eine Reihe von Tagen an fiebernden Wolhynikern zum Saugen angesetzt waren. Kontrollen an Läusen von normalen und anderen Kranken fielen negativ aus.

Wir selbst hatten schon im August 1916 vor dem Erscheinen der Töpferschen Publikation mit entsprechenden Versuchen an Läusen begonnen, von dem Gesichtspunkt ausgehend, daß wir, falls unsere Deutung der Blutbefunde richtig wäre, die gleichen Gebilde auch in der Kleiderlaus, dem natürlichen Überträger, müßten nachweisen können. Gleich im Beginn unserer Untersuchungen fanden wir im Kot von Läusen, die an Wolhynikern gesogen hatten, dieselben Organismen in großer Zahl, die wir bald nachher, ebenso wie Töpfer, im Magendarminhalt beobachteten. (Abb. 30.)

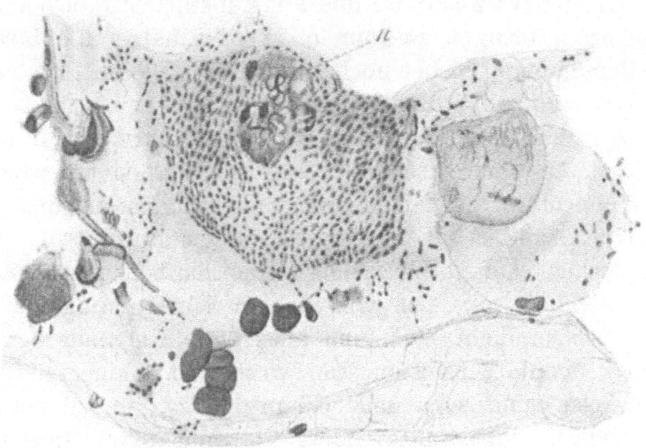

Abb. 30. Pat. G. Magenzelle einer Laus mit Ricketts. wolhyn. angefüllt.
2 mm. 12.

Die Gebilde, um die es sich handelt, sind etwa 0,3—0,4 μ groß, also viel kleiner als die gewöhnlichen Bakterien, scharf konturiert, von kokkenähnlicher, runder oder kurz-ovaler Gestalt; nicht selten kommen auch etwas längere, stäbchenförmige Formen vor. Sie liegen zum kleinen Teil einzeln, meist sind sie zu zweit aneinander gelagert, indem sie eine feine schmälere Brücke zwischen sich erkennen lassen, so daß eine Hantelform oder ein Polstäbchen entsteht. Die beiden Enden sind ebenso wie die einzelliegenden Granula nicht immer gleich groß und dick. Zuweilen sind sie zu kurzen Ketten von drei oder vier Gliedern in der Längsrichtung angeordnet oder auch winkelig gegeneinander abgeknickt, vielfach bilden sie mehr oder weniger große dichte Haufen.

In älter infizierten Läusen findet man neben den gewöhnlichen Formen zuweilen stark aufgequollene hantelförmige Exemplare von tönnchenähnlicher Gestalt, auch birnen- oder keulenförmige Stäbchen. Da aber alle Übergänge zwischen diesen und normalen Elementen nachweisbar sind, scheint es uns nicht gerechtfertigt, verschiedene Parasiten anzunehmen. Es dürfte wahrscheinlicher sein, daß es sich

um Involutionsformen handelt, die unter ungünstigen äußeren Bedingungen, etwa unter dem Einflusse der Nahrungssäfte der Laus,
auftreten. Eine Entscheidung hierüber kann erst die Züchtung auf
künstlichen Nährböden unter Variation der Lebensbedingungen bringen
(vgl. S. 84). Zunächst sind aber alle Bemühungen zur Züchtung dieser
Organismen erfolglos geblieben. Rocha-Lima gelang weder die
Züchtung auf den gewöhnlichen Bakteriennährböden, noch auf Agar
oder Bouillon mit Zusatz von Blut, Aszites, Leukozyten oder Läuse-
extrakten.

Im Dunkelfeld lebend untersucht, zeigen sie eine lebhafte mole-
kulare Bewegung und starke Lichtbrechung, Eigenbewegung besitzen

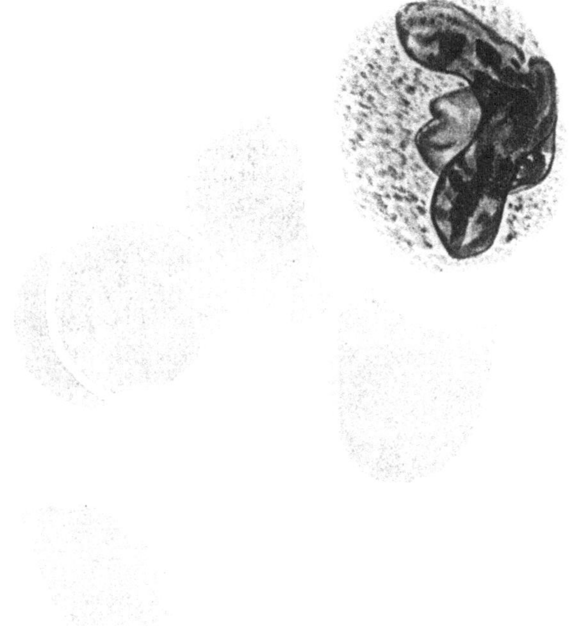

Abb. 31. Pat. N. Rickettsia Prowazecki im Blutausstrich. 2 mm. 18.

sie nicht. Sie sind am besten mit Giemsa färbbar und nehmen dabei
einen rein rötlich-violetten Farbenton an, der so charakteristisch ist,
daß man sie außer an ihrer typischen Form, bei einiger Übung eben
an ihrer spezifischen Färbbarkeit sofort erkennt und von anderen in
Darmausstrichen von Läusen vorkommenden kleinen Gebilden (Farbniederschläge, Eiweißkügelchen, Hämoglobinkriställlchen) leicht unterscheiden kann. Sie sind mit gewöhnlichen Anilinfarbstoffen nur sehr
schwer färbbar, nicht säurefest und Gram negativ.

Es besteht also eine weitgehende morphologische und färberische
Übereinstimmung zwischen den von uns im Blute von Wolhynikern

gefundenen Gebilden und den im Läusedarm nachgewiesenen Mikroorganismen, eine Tatsache, die jedenfalls sehr zugunsten ihrer Deutung
als eines ätiologisch wichtigen Befundes ins Gewicht fallen muß, falls
sich die Annahme der Erregernatur dieser Organismen im Läusedarm
als richtig erweisen läßt. Die Beurteilung dieser Frage wird indessen
von vornherein sehr erschwert durch eine auf den ersten Blick gewiß
überraschende Tatsache: Die in den Läusen von Wolhynikern zuerst
von Töpfer und uns, später auch von Werner und Rocha-Lima
gefundenen Organismen haben eine ganz auffallende Ähnlichkeit

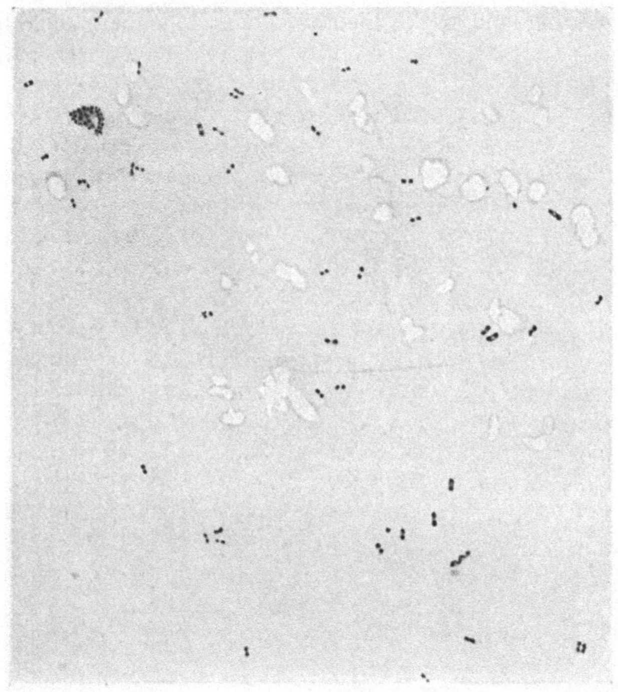

Abb. 32. Rickettsia Prowazecki. Läusedarmausstrich. 15. 4.

mit dem von Rocha-Lima und Töpfer regelmäßig und zunächst
ausschließlich in Fleckfieberläusen gefundenen Organismus, der sog.
Rickettsia Prowazecki (Abb. 31. u. 32). Es tritt damit das Problem
der Ätiologie des wolhynischen Fiebers in engste Verbindung mit der
Fleckfieberätiologie und es erhebt sich die Frage, ob nicht durch die
Auffindung derartiger, rickettsienähnlicher Organismen beim Wolhyniker
die ätiologische Bedeutung auch des Fleckfieberbefundes wesentlich erschüttert ist, oder ob die Erregernatur der einen und der anderen
Art dieser offenbar derselben Gruppe zugehörigen Mikroorganismen

trotzdem als sicher oder höchst wahrscheinlich anzunehmen ist, und sich bei geeigneter Methodik zuverlässige Kriterien für ihre Unterscheidung gewinnen lassen.

Bei unseren zahlreichen, an Wolhynikern ausgeführten Untersuchungen befolgten wir im wesentlichen die aus den Fleckfieberexperimenten Rocha-Limas bekannte Technik. Von einer bestimmten Anzahl von Läusen, die von nachweislich Gesunden und aus einem Gebiete stammten, in dem weder Fleckfieber noch wolhynisches Fieber vorgekommen war, wurde zunächst bei einigen der Darminhalt in Ausstrichpräparaten auf Rickettsien untersucht. Erwiesen sich alle diese Läuse als nicht infiziert, so wurden die übrigen der gleichen Serie dem Kranken, in einem kleinen Käfig eingeschlossen, am Bein oder am Arm zweimal am Tage je zwei Stunden lang zum Saugen angesetzt. Da wir beobachteten, daß die Maschen des Gazenetzes bei Benutzung eines durch feine Müllergaze abgeschlossenen Käfigs sich leicht durch die Exkremente der Läuse verstopfen, oder durch Erschlaffung der Gaze diese schließlich nicht mehr fest aufliegt, so daß die Läuse mit ihrem Saugrüssel die Haut des Patienten nicht mehr recht erreichen können, benutzten wir lieber offene Käfige, die wir durch Heftpflaster und Bindentouren an den Extremitäten befestigten. Bei ruhigem Verhalten des Patienten und zuverlässigem Wartepersonal können auch bei diesem Verfahren keine Läuse unbemerkt entweichen. Man vermeidet so aber am besten Verluste, wie sie sonst durch Absterben der Läuse infolge ungenügender Nahrungsaufnahme während des Versuches leicht vorkommen. Nach Beendigung des Versuches wird jede Laus auf einem sterilen Objektträger in ein kleines Tröpfchen physiologischer NaCl-Lösung gesetzt und der Darm zur Schonung der Darmzellen nach einer besonderen Methode herauspräpariert: Man preßt den Kopf der Laus mit einer nicht zu spitzen Nadel an und ritzt den Thorax seitlich mit einer zweiten Nadel ein. Es bildet sich dann an dieser Stelle ein kleiner Darmprolaps. Legt man nun die zweite Nadel auf das Ende des Abdomens und zieht nach hinten, so tritt der Darm ganz aus der Abdominalhöhle heraus, um schließlich zuerst am Übergang des Pharynx in den Magen abzureißen. Man kann ihn dann mit Leichtigkeit mit einer Nadel oder einem feinen Messerchen analwärts abtrennen. Der Darm hat jetzt die Form eines langgezogenen spitzwinkeligen Dreiecks, dessen Basis mundwärts liegt und zwei Divertikel nach vorn sendet. An diesen faßt man ihn mit den beiden Nadeln und zieht vorsichtig nach beiden Seiten auseinander. Dabei breitet er sich auf dem feuchten Objektträger aus und es werden eine große Anzahl von Zellen in ihrem natürlichen Verbande unversehrt abgestreift und ohne weiteres der Untersuchung zugänglich. Die Fixierung und Färbung der Präparate ist dieselbe wie bei den Blutpräparaten. Schnelles und absolut sauberes Arbeiten ist zur Vermeidung von Verunreinigungen, die zu Verwechselungen Anlaß geben könnten, unbedingt erforderlich. Gegenüber dem einfachen Ausstrichverfahren hat die Methode den Vorteil, einen guten Überblick über die natürliche Lagerung der Parasiten zueinander und ihr Vorkommen in der Leibeshöhle oder im Darm, im Lumen oder in den Darmzellen zu gewähren. Die Einfachheit und Leichtigkeit der Ausführung gestattet die Untersuchung sehr vieler Läuse in kurzer Zeit.

In der ersten Serie von Versuchen, in der wir regelmäßig 6 bis 7 Tage hindurch den Versuch in der beschriebenen Weise ununterbrochen durchführten, verwandten wir ausschließlich Kranke der **paroxysmalen Verlaufsform** und zwar möglichst frische Fälle, die nur einige wenige Anfälle überstanden hatten und nach dem objektiven und subjektiven Befund sich auf der Höhe der Krankheit befanden. Wir ließen die Versuche im Intervall beginnen, um sicher zu gehen, daß die Läuse womöglich mehrere Male während des Anfalles Gelegenheit zum Saugen finden können. **In allen Fällen waren die Läuse nach dem Versuch stark mit Rickettsien infiziert.**

Sollte diesem Befunde eine ätiologische Bedeutung zukommen, so war anzunehmen, daß auch bei den anderen Verlaufsarten des wolhynischen Fiebers vorher normale Läuse sich würden experimentell mit Rickettsien infizieren lassen können.

Zu einer zweiten Serie von Versuchen wählten wir daher eine Anzahl von Fällen der **typhoiden Verlaufsform** aus. **Wir hatten auch hierbei durchweg positive Resultate.** Allerdings machten wir die Erfahrung, daß kürzere, nur 5—6 Tage dauernde Versuche, die bei der paroxysmalen Form gewöhnlich schon ein üppiges Rickettsienwachstum in den Läusen ergeben, hier nicht immer ausreichen. Erst wenn man die Versuche 10—12 Tage fortsetzt, erweisen sich in der Regel alle Läuse gleichmäßig infiziert. Gelegentlich wurde auch ein zuerst mit negativem Ergebnis ausgeführter Versuch bei Wiederholung während einer späteren Fieberperiode noch positiv.

Es würde der Vorstellung entsprechen, daß die Laus während der vieltätigen Fieberperioden weniger oft Gelegenheit findet, Parasiten mit dem Krankenblut in sich aufzunehmen. Das Ergebnis unserer Blutuntersuchungen bei derartigen Fällen stimmt damit gut überein.

In einer dritten Serie von **rudimentären Verlaufsformen** kamen wir **ebenfalls zu positiven Resultaten.** In sehr vielen Fällen untersuchten wir ferner gleich bei der Aufnahme der Kranken die Läuse, die sie noch an ihrem Körper oder an ihren Kleidern hatten und wir waren in der Lage, in mehreren klinisch zunächst ganz uncharakteristischen Fällen lediglich auf Grund des positiven Rickettsienbefundes in den Läusen eine Frühdiagnose auf wolhynisches Fieber zu stellen, die der spätere Krankheitsverlauf vollauf rechtfertigte. Eine wertvolle Bestätigung dieser Befunde lieferten dann die Untersuchungen Rocha-Limas. Unter Ausschaltung aller negativen und zweifelhaften Resultate konnte er bei 70 Versuchen in 51 Fällen in den Läusen Rickettsien nachweisen. Nach unseren Erfahrungen wäre der Prozentsatz der positiven Versuchsergebnisse bei Verwendung frischerer Krankheitsfälle und längerer Dauer der Versuche, als sie Rocha-Lima angewandt hat, vermutlich noch größer gewesen. Auch die Benutzung der geschlossenen Läusekäfige mag die Resultate zuweilen ungünstig beeinflußt haben. Das Ergebnis dieser Untersuchungen ist also die bei allen Verlaufsarten des wolhynischen Fiebers nachweisbare Rickettsieninfektion der natürlich oder experimentell am Wolhyniker gehaltenen Laus.

Diese an und für sich schon sehr wichtige Feststellung muß für die Frage der Ätiologie von ausschlaggebender Bedeutung werden, wenn der Nachweis zu erbringen ist, daß die Infektion der Läuse ausschließlich auf die Aufnahme von Krankenblut zurückzuführen ist, in dem, wie wir wissen, das Virus kreist. Allerdings wäre auch dann noch der Einwand möglich, daß die mit dem Saugakt übertragenen und zur Vermehrung gelangenden Rickettsien nicht mit dem Erreger selbst identisch sind, sondern einen regelmäßig vorhandenen, aber harmlosen Begleitorganismus darstellen. Daß diese Annahme nicht zu Recht besteht, geht allerdings schon aus den Versuchen über die Filtrierbarkeit des Virus hervor.

Die englischen Autoren und Rocha-Lima haben übereinstimmend gefunden, daß das im Krankenblut vorhandene Virus nicht filtrabel ist. Es muß sich also zweifellos um einen mikroskopisch sichtbaren Organismus handeln. Die Rickettsien sind aber der einzige konstant in der Laus nachweisbare Befund, der dieser Bedingung entspricht. Gelänge es, den Erreger aus dem Krankenblut und ebenso die Rickettsien aus der infizierten Laus auf künstlichen Nährböden zu züchten, so wäre ihre Identität oder Verschiedenheit leicht und unwiderleglich festzustellen und die Frage nach dem Erreger der Krankheit durch weitere Experimente im Sinne Robert Kochs (Übertragung auf Versuchstiere unter Erzeugung charakteristischer Krankheitserscheinungen und erneute Züchtung aus deren Blut) alsbald gelöst. Da aber bisher die Züchtung noch nicht gelungen ist, so muß, wie schon erwähnt, jede Beweisführung betreffs der Ätiologie der Erkrankung vorläufig unvollständig bleiben, da das letzte Glied in der Kette der Schlüsse noch fehlt.

Von besonderer Wichtigkeit ist daher die Frage der Spezifizität. Wir haben schon darauf hingewiesen, daß zwischen den beim wolhynischen Fieber und den beim Fleckfieber in den Läusen vorkommenden Mikroorganismen eine so weitgehende morphologische Übereinstimmung besteht, daß uns eine Unterscheidung unmöglich und die Benennung mit dem gleichen Speziesnamen „Rickettsia“ ohne weiteres

gerechtfertigt schien. Auch Rocha-Limas eingehende Untersuchungen
haben das m. E. bestätigt. Zwar fand er im Gegensatz zu der zierlichen
meist hantelförmigen diplokokkenähnlichen Rickettsia-Prowazeki hier
öfters leichter und schneller färbbare, plumpe und diokere Exemplare
und häufiger Kugel-, Stäbchen- und Keulenformen verschiedener Größe
nebeneinander. Beständige und sichere Unterscheidungsmerkmale sind
damit aber keineswegs gegeben. Auch in biologischer Beziehung
verhalten sie sich in mancher Beziehung ähnlich: sie sind nicht auf
künstlichen Nährböden zu züchten und es vergeht erst eine gewisse
Latenzzeit von 4—5 Tagen, (beim Fleckfieber 8—11 Tage) bis ihre
Entwicklung und Vermehrung in der Laus deutlich nachweisbar wird.
Wichtige und anscheinend charakteristische Unterschiede bestehen
aber hinsichtlich der Verbreitung und der Art und Weise der Ansiedlung der Mikroorganismen in der Laus. Schon bei seinen ersten
Untersuchungen an Fleckfieberläusen konnte Rocha-Lima an histologischen Schnittpräparaten den Nachweis führen, daß die Vermehrung
der Rickettsia Prowazeki vornehmlich im Innern der Epithelzellen des Magens stattfindet, in denen sie dichte, gegen die Umgebung deutlich abgegrenzte Haufen bilden, die entweder im ganzen
unter Bildung ballonartiger Auftreibung der Zellen, in das Magenlumen
entleert werden oder durch weitere Wucherung die Zelle schließlich
ganz ausfüllen und sie zum Platze bringen. Außer im Magen-Darm-
kanal findet sich nach Rocha-Lima die Rickettsia noch in den nieren-
förmigen Speicheldrüsen, wo sie nicht in Haufen liegen, sondern
einzeln, deutlich voneinander getrennt, von einem hellen Hof umgeben,
und gelegentlich auch im Ovarium und in den Eiern. — Spätere, an
einem größeren Material durchgeführte Nachprüfungen Rocha-
Limas haben die typische intrazelluläre Entwicklung der Fleckfieberrickettsien von neuem bestätigt. Die Eigenart und Konstanz dieser
Befunde forderte von Anfang an dazu auf, auch die Entwicklung der
Rickettsien in der Wolhynikerlaus genau zu verfolgen. Die von uns
ursprüngliche angewandte Methode des Zerzupfens ist zweifellos für
diesen Zweck viel weniger geeignet, als die Schnittmethode Rocha-
Limas, die allein über die Häufigkeit und Regelmäßigkeit der gewonnenen Befunde ein sicheres Urteil erlaubt. R. L. fand nun im
Gegensatz zu der intrazellulären Entwicklung der Fleckfieberrickettsien in der Mehrzahl der Fälle bei der wolhynischen Laus lediglich eine extrazelluläre Ansiedlung der Rickettsien.
Sie liegen zum Teil auf den Epithelzellen, indem sie hier einen
dichten Saum bilden, zum Teil füllen sie in großen Massen das Darmlumen. Außerhalb des Darmkanals wurden sie weder von uns noch
von R. L. jemals nach gewiesen. Es fehlen allerdings noch Erfahrungen darüber, ob nicht dem Stadium der extrazellulären Ansiedlung
eine intrazelluläre Entwicklung vorausgeht. Daß ein üppiges intra-
zelluläres Wachstum, d. h. ein echter Zellparasitismus auch bei den

Rickettsien des wolhynischen Fiebers vorkommt, konnten wir schon an unseren Zupfpräparaten nachweisen (vergl. Abb. 29) und Rocha-Lima hat den gleichen Befund in einigen Fällen ebenfalls erhoben. Das Aussehen dieser durchwucherten Epithelzellen soll allerdings noch eine Unterscheidung gegenüber dem Flecktyphusbefunde ermöglichen, insofern, als das Kernchromatin nicht mehr färbbar ist, so daß dort, wo die Kerne überhaupt noch erkennbar sind, sie lediglich als farblose Masse mit einer blassen Vakuole erscheinen.

Das wichtigste Resultat dieser vergleichenden Untersuchungen ist also die **Auffindung eines biologischen Unterscheidungsmerkmales**, das auf eine wesentliche **Artverschiedenheit** dieser sonst so ähnlichen Mikroorganismen hinweist. Wird damit die Spezifizität und ätiologische Bedeutung des Fleckfieberbefundes von neuem gesichert, so fragt es sich weiter, ob eine gleiche absolute Spezifizität auch für die beim wolhynischen Fieber gefundenen Rickettsien nachzuweisen ist, mit anderen Worten: **steht das Vorhandensein dieser Organismen ausschließlich in Beziehung zum wolhynischen Fieber oder kommen auch sonst, in den Läusen Gesunder uud Kranker die gleichen Organismen vor?**

Zur Entscheidung dieser Frage sind einerseits Kontrollen an einem möglichst umfangreichen Material von normalen Läusen erforderlich, andererseits aber auch Läuseversuche bei verschiedenen fieberhaften Krankheiten, um dem Einwand zu begegnen, daß die Rickettsien, obwohl immer vorhanden, erst unter besonderen Bedingungen (erhöhte Körpertemperatur etc.) zur reichlichen Entwicklung kämen und mikroskopisch nachweisbar würden.

Wir haben daher in einigen Fällen von Typhus abd., Ruhr, Pneumonie und Grippe eine Anzahl Läuse mehrere Tage lang in derselben Weise wie bei unseren an **Wolhynikern** ausgeführten Versuchen saugen lassen. **In keinem Falle konnten wir nachher im Darm Rickettsien nachweisen.**

Unsere Kontrollen an „normalen" Läusen beziehen sich auf einige Hunderte von Stämmen. Das Material stammt größtenteils aus einer der Zivilentlausungsanstalten im besetzten polnischen Gebiet, und zwar aus einer Gegend, in der zur Zeit unserer Versuche weder Fleckfieber noch wolhynisches Fieber vorgekommen war. Zur Untersuchung verwandten wir in der oben beschriebenen Weise das gefärbte Zupfpräparat, das zur Entscheidung, ob eine Rickettsieninfektion überhaupt vorliegt oder nicht, in jedem Falle ausreicht. Sind bei längere Zeit verlausten Personen Rickettsien vorhanden, so sind sie immer derart zahlreich, daß sie auch im Ausstrichpräparat der Beobachtung nicht entgehen können. — Niemals haben wir hierbei trotz sorgfältigster Untersuchung mehrerer hundert Läuse Rickettsien oder rickettsienähnliche Organismen nachweisen können. Nur in zwei

Fällen fanden wir überhaupt Parasiten in den Läusen, es handelte sich um große Kokken, die in keiner Weise mit den Rickettsien zu verwechseln waren. Es bestätigt sich also die auch von anderen Untersuchern geäußerte Ansicht, daß der normale Läusedarm praktisch als steril zu betrachten ist. Würde die Laus häufiger septische oder andere Infektionserreger in sich beherbergen, so müßte sie als Krankheitsüberträger eine noch weit verderblichere Rolle spielen als es in der Tat der Fall ist.

Nach dem negativen Ausfall dieser Kontrolluntersuchungen schien also die Spezifizität des Rickettsienbefundes in der wolhynischen Laus erwiesen. Um so bemerkenswerter waren deshalb die Einwände, die Rocha-Lima auf Grund seiner Arbeiten dagegen erhob. „Von 33 Kontrollversuchen an Personen, die von Munk als frei von Erscheinungen, die für Fünftagefieber sprechen könnten, angesehen wurden, blieben 26 negativ, bei 6 jedoch infizierten sich die Läuse in gleicher Weise wie beim wolhynischen Fieber." Von diesen 6 Fällen hatten 3 Malaria, 1 Blasenleiden, 1 Bronchitis und Tuberkulose, 1 Leistenbruch. Ausserdem wurden auch bei 2 von 14 in Hamburg ansässigen, auf infizierte Läuse untersuchten gesunden Personen „die Mehrzahl der Läuse mit einem Mikroorganismus stark infiziert vorgefunden" der von den beim wolhynischen Fieber beobachteten „weder im Ausstrich noch in Schnittpräparaten zu unterscheiden war". — Es kommt noch hinzu, dass Rocha-Lima schon bei seinen ersten Fleckfieberstudien ebenso wie Ricketts, Nicolle, Blanc und Conseil, in einigen Fällen in „normalen" Läusen rickettsienähnliche Mikroorganismen gefunden hat und daß Töpfer in mehreren Fällen von Kriegsnephritis experimentell eine Rickettsieninfektion der Läuse erzielen konnte, weshalb er sogar eine ätiologische Beziehung der Nephritis zum Fleckfieber und wolhynischen Fieber annahm!

Zur Erklärung dieser Befunde bestehen von vornherein verschiedene Möglichkeiten. Zunächst könnte man annehmen, daß die extrazellulär wachsenden Rickettsien normale und regelmäßige Bewohner des Läusedarms seien, was Rocha-Lima mit der Bezeichnung „Rickettsia pediculi" zum Ausdruck bringen will. Die an Wolhynikern angestellten Versuche hätten dann rein zufällig die Aufmerksamkeit darauf gelenkt, für die Ätiologie der Erkrankung wäre der Befund jedoch, weil gänzlich unspezifisch, völlig belanglos.

Ganz abgesehen davon, daß ihr Vorhandensein in der normalen Laus gelegentlich der zahlreichen Kontrollen bei den Fleckfieberuntersuchungen nicht hätte übersehen werden können, widerspricht schon die Seltenheit ihres Vorkommens dieser Auffassung. Gegenüber dem hohen Prozentsatz positiver Ergebnisse bei der Untersuchung natürlich oder künstlich am Wolhyniker infizierter Läuse stellen die zuletzt angeführten, in ihrer Deutung strittigen Rickettsienbefunde doch nur verschwindende Ausnahmen vor.

Daß es sich aber keineswegs um einen normalen Läuseparasiten handeln kann, geht auch aus einer neuen, im Anschluß an die Veröffentlichung Rocha-Limas von mir ausgeführten Nachprüfung der früheren Kontrolluntersuchungen hervor: Ich untersuchte nochmals an Tausend normale Läuse von mehr als Hundert verschiedenen Personen. Es handelte sich grösstenteils um solche, die in Berlin das städtische Asyl oder wegen verschiedener Krankheiten eines der städtischen Krankenhäuser aufgesucht hatten, teils rührten sie von nachweislich Gesunden her, die im besetzten Polen in einem Städtchen lebten, in dem zur Zeit dieser Untersuchungen weder Fleckfieber noch wolhynisches Fieber vorgekommen war. Die Läuse wurden in der üblichen Weise zerzupft, die Präparate mit Giemsa gefärbt, gelegentlich als Stichproben auch Schnittpräparate angefertigt. Das Resultat sämtlicher Untersuchungen war ein völlig negatives: es wurden niemals Rickettsien gefunden. In einigen wenigen Fällen zeigten sich durch fein auskristallisiertes Hämoglobin oder sehr fein geronnenes Eiweiß oder durch Farbniederschläge auf dem Präparat Bilder, die der ungeübte Untersucher vielleicht mit Rickettsien verwechseln könnte; nur um auf solche Täuschungsmöglichkeiten hinzuweisen, sei hier das erwähnt. In drei Präparaten fanden sich dicke, einzeln oder zu zweit liegende Kokken. In allen anderen Fällen erwies sich der Läusedarm wie bei unseren früheren Untersuchungen bei mikroskopischer Betrachtung als steril. Es ist danach m. E. nicht gerechtfertigt, die Rickettsien als normale und regelmäßige Parasiten des Läusedarms anzusprechen.

Die zweite Erklärungsmöglichkeit der abweichenden Befunde Rocha-Limas bietet die schon von ihm selbst erwähnte Deutung, daß die „Rickettsia pediculi" der wolhynischen Läuse nicht mit der der Kontrollfälle identisch ist, sondern daß nur vorläufig die Unmöglichkeit besteht, beide voneinander zu unterscheiden. Wäre diese an sich gewiß denkbare Auffassung schon mit der Spezifizität des Rickettsienbefundes im engeren Sinne beim wolhynischen Fieber sehr wohl vereinbar, so sprechen doch gewichtige Gründe dagegen: Im Gegensatz zum Fleckfieber wurden die beim wolhynischen Fieber und sonst gefundenen Rickettsien bisher ausschließlich im Darmkanal der Läuse beobachtet; sie fehlen aber im Ovarium und im Ei. Die Infektion wird also nicht vererbt. Junge, von infizierten abstammende, an gesunden Personen aufgezogene Läuse erweisen sich stets als frei von Rickettsien. Es ergibt sich daraus die zwingende Schlußfolgerung, daß die Infektion der Läuse lediglich auf dem Wege der Nahrungsaufnahme erfolgen kann, d. h. aus dem Blute des Wirtes stammen muß. Sollte es also noch eine besondere Rickettsienart, eine „Rickettsia pediculi" geben, die nichts mit dem wolhynischen Fieber zu tun hat, so müßte man annehmen, daß diese nach einmal vorausgegangener Verlausung gelegentlich als harmloser Schmarotzer im menschlichen Blute kreist, aus dem sie dann von den Läusen aufgenommen werden kann. Eine derartige Vorstellung ist gewiß nicht sehr wahrscheinlich.

Es bleibt daher nur noch ein dritter Weg zum Verständnis jener auffallenden Rickettsienbefunde übrig, den auch Rocha-Lima als hypothetisch möglich gelten läßt. Es handelt sich bei den positiv ausgefallenen Kontrollfällen gar nicht um „normale“ oder nur an anderen, wohl charakterisierten Krankheiten leidende Individuen, sondern auch bei diesen Kontrollfällen muß eine Infektion mit wolhynischem Fieber bestehen, die durch den Rickettsiennachweis in den ihnen angesetzten oder bei ihnen gefundenen Läusen erst manifest geworden ist. Der Ausfall dieser Versuche ist meines Erachtens lediglich eine willkommene experimentelle Bestätigung der von uns immer angenommenen und im klinischen Teil dieser Arbeit nochmals ausführlich begründeten Auffassung einer viel weiteren Verbreitung des wolhynischen Fiebers und einer viel größeren Mannigfaltigkeit des klinischen Bildes, als die ersten Beschreibungen der Krankheit es ahnen ließen und auch wohl Rocha-Lima unter dem Einfluß des Munkschen Materials annehmen konnte. Die in Warschau von Rocha-Lima untersuchten Kontrollpersonen stammten grösstenteils aus einer Umgebung, in der Erkrankungen an wolhynischem Fieber zu jener Zeit sehr häufig waren.

So ging z. B. am 24. III. 17 dem F.-L. X der Patient Sa. mit schwerer hydropischer Glomerulonephritis zu, dessen Läuse sich stark mit Rickettsien infiziert erwiesen. Die Anamnese ergab, daß der Patient 3 und 4 Wochen vorher mehrmals in Abstand von einigen Tagen an Frösteln und ziehenden Schmerzen in den Schienbeinen gelitten hatte. Wegen der raschen Besserung seiner Beschwerden war er damals nicht zum Arzt gegangen. Aus dem gleichen Unterstande waren in dieser Zeit mehrere Mann wegen Erkrankung an wolhynischem Fieber ins Lazarett gekommen. Der Patient selbst hatte über 3 Wochen die Kleider und Wäsche nicht wechseln können.

Es handelt sich also offenbar um eine rein zufällige Kombination von Kriegsnephritis und kurz vorher durchgemachtem wolhynischem Fieber, auf das zunächst allein der Rickettsienbefund in den Läusen aufmerksam gemacht hatte. — Berücksichtigt man die Möglichkeit derartiger Kombinationen anderer Erkrankungen mit dem wolhynischen Fieber nicht, so muß man wie Töpfer bei seinen Untersuchungen zur Ätiologie der Kriegsnephritis natürlich zu ganz irrigen und allen anderen Erfahrungen und Beobachtungen zuwiderlaufen den Schlußfolgerungen gelangen.

Daß aber auch klinisch anscheinend Gesunde Rickettsien in ihrem Blute beherbergen können, zeigten uns Versuche, die wir an

Rekonvaleszenten nach Ablauf aller Krankheitserscheinungen angestellt haben. Es gelang uns in mehreren Fällen noch in diesem Stadium experimentell eine Rickettsieninfektion der Läuse zu erzielen. Es ergibt sich daraus die wichtige schon von Rocha-Lima diskutierte Tatsache, daß offenbar auch bei dieser Krankheit mit Virusträgern zu rechnen ist, von denen, wenn sie verlausen, neue Infektionen ausgehen können. Es ist danach ohne weiteres verständlich, daß bei einer Infektion, die, wie das wolhynische Fieber, häufiger ganz oder fast ganz unbemerkt verläuft, als daß sie schwere Krankheitserscheinungen auslöst, auch niemals offensichtlich Erkrankte infektiöse Läuse an sich tragen können. Kommen aber solche latent infizierten Personen wegen anderer Erkrankungen, z. B. wegen einer Verwundung ins Lazarett, so kann ein bei ihnen etwa angesetzter und positiv ausfallender Läuseversuch keineswegs die Spezifizität des Rickettsienbefundes erschüttern, sondern nur bekräftigen. Auch vom Fleckfieber wissen wir ja — und die Erfahrungen mit der Weil-Felixschen Reaktion haben es von neuem bestätigt, —, daß in der Umgebung typisch Erkrankter, gelegentlich sehr rudimentäre Erkrankungen vorkommen, die an und für sich niemals die Annahme eines Exanthematikus nahelegen würden. Es ist sehr wohl möglich, daß die von Ricketts, Blanc und Conseil und Rocha-Lima in einigen „Kontrollfällen" bei den Fleckfieberuntersuchungen gefundenen rickettsienhaltigen Läuse von solchen abortiv erkrankten oder schon immunen Individuen stammten. Vermutlich hätte die Anwendung der Schnittmethode ihre Identifizierung als Fleckfieberrickettsien ermöglicht. Einen Einwand gegen die Spezifizität des Befundes beim wolhynischen Fieber kann man jedenfalls aus diesen Angaben auch nicht entnehmen.

Es bedarf hiernach nur noch der in zwei Fällen von Rocha-Lima an Hamburger Läusen erhobene Rickettsienbefund einer Aufklärung. Der eine von ihnen, ein Arbeiter — der zweite konnte nicht mehr ermittelt werden, — war weder krank gewesen, noch hatte er Hamburg verlassen, noch in Beziehung zu Frontsoldaten gestanden. Die Quelle der Rickettsieninfektion bleibt danach unbekannt. Es ist aber daran zu erinnern, daß 1910 bereits, wie Weitz mitgeteilt hat, in Hamburg im St. Georgs Krankenhaus bei einer Krankenschwester ein typischer Fall von wolhynischem Fieber vorgekommen ist. Diese Beobachtung mahnt jedenfalls die Beweiskraft gerade der Hamburger Kontrollfälle mit einer gewissen Vorsicht einzuschätzen. Die Spezifizität des Rickettsienbefundes beim wolhynischen Fieber ist also unter Berücksichtigung aller Fehlerquellen eine derart absolute, daß man nachgerade für alle widersprechenden Angaben den Beweis verlangen dürfte, daß eine Infektion mit wolhynischem Fieber nicht vorliegt. Dazu ist aber im Falle positiver Befunde nicht nur die Beobachtung der betreffenden Personen und ihrer Umgebung vor dem Zeitpunkt der Untersuchung der Läuse, sondern auch nachher erforderlich.

Betrachten wir auf dieser Grundlage die Resultate der von Töpfer, von uns und Rocha-Lima an Wolhynikern mit positivem Ergebnis angestellten Läuseversuche, so ergibt sich ohne weiteres die hohe Bedeutung des Rickettsienbefundes in der Laus für die Frage der Ätiologie der Krankheit. Es ist daher auch nicht angebracht, schlechthin von einer „Rickettsia pediculi“ zu sprechen, sondern die Spezifizität des Befundes rechtfertigt die von uns gewählte Bezeichnung „Rickettsia wolhynica“. Es handelt sich um nichts weniger, als um den in einem außerordentlich hohen Prozentsatz der Krankheitsfälle gelungenen Nachweis eines jedesmal gleichen, im Blute des Kranken vorkommenden Mikroorganismus, der im Darmkanal des Überträgers der Krankheit, der Kleiderlaus, eine ungeheure Vermehrung erfährt. Die Laus ersetzt also gewissermaßen das bisher nicht gelungene Kulturverfahren, das allein imstande wäre, die Identität der von uns im Blute selbst gefundenen Gebilde mit den in der Laus zur Entwicklung kommenden Organismen zu erweisen; immerhin macht ihre morphologische und färberische Übereinstimmung es sehr wahrscheinlich, daß diese Gebilde in der Tat Rickettsien sind.

Ist nach dem Ausfall der eben geschilderten Versuche die Erregernatur der Rickettsien bereits sehr wahrscheinlich geworden, so muß auch die künstliche Erzeugung der Krankheit durch Verimpfung von Rickettsien auf Menschen und Versuchstiere gelingen. Ausschlaggebend wäre das Experiment allerdings nur dann, wenn es möglich wäre, dabei von einer Reinkultur auf künstlichem Nährboden auszugehen. Benutzt man als Ausgangsmaterial aber einen in der Laus gezüchteten Rickettsienstamm, so kann man einwenden, daß die Rickettsien nur die Rolle eines mehr oder weniger belanglosen Begleitorganismus spielen, während die Entstehung der nachfolgenden Erkrankung auf der Mitübertragung des fraglichen, aber noch unbekannten Virus beruht. Dieses Bedenken ist aber hinfällig, solange der negative Ausfall der Fitrationsversuche die Annahme eines ultravisiblen Virus ausschließt.

Es gelingt nun in der Tat, bei Menschen und Versuchstieren durch Infektion mit rickettsienhaltigen Läusen wolhynisches Fieber zu erzeugen. Der erste Fall einer gelungenen Übertragung auf den Menschen durch Läusebiß ist die von uns beschriebene Erkrankung Kuczynskis. Bei dem Patienten U. wurde vom 29. XII. 16 bis 8. II. 17 ein Läuseversuch angesetzt. Die Läuse erwiesen sich sämtlich stark mit Rickettsien infizicrt. Am 8. I. 17 wurde K. von einer dieser Läuse gebissen. Die Laus selbst, sofort präpariert, enthielt massenhaft Rickettsien. Am 5. II. 17, also nach 27 Tagen, erkrankte K. an Schüttelfrost, Fieber, starken

Gliederschmerzen. In der Nacht und am folgenden Tage außerdem heftige Kopf-, Kreuz- und Gliederschmerzen, zu denen noch äußerst quälende Schmerzen in der Leber- und Milzgegend hinzukamen. Der Befund ergab ein schweres Krankheitsbild: injizierte Augenbindehäute, geröteter Rachen, Zunge trocken und belegt, Herz, Lunge o. B. Die Leber überragt 3 Finger breit den Rpb., ist schon auf leise Berührung äußerst schmerzhaft, die Milz ist deutlich unter dem Rpb. fühlbar, weich, auf Druck schmerzhaft. Schienbeine an den typischen Stellen druckschmerzhaft. Die Weil-Felixsche Reaktion ist 1:200 positiv. An den folgenden Tagen entsprechend dem Absinken und Anstieg der Temperatur Schweißausbrüche und Frösteln, Blutbild siehe Kurve No. 23. Unter Rückgang aller Krankheitserscheinungen Entfieberung am 11. II. 17; nach beschwerdefreiem Intervall am 19. II. wieder Milz- und Schienbeinschmerzen, Mattigkeit und schlechtes Aussehen. Temperatur 37 °, dann ungestörte Rekonvaleszenz.

Zwei weitere Fälle gelungener Übertragung durch den Biß experimentell infizierter Läuse hat Werner mitgeteilt. Hier entstanden ausgehend von paroxysmalen Fällen wieder paroxysmale Verlaufsformen. In dem Kuczynskischen Falle dagegen erzeugte das von einem Kranken im paroxysmalen Stadium stammende Virus eine typisch typhoide Krankheitsform. Es geht daraus, ebenso wie aus den Übertragungen mit Krankenblut hervor, daß die Reaktionen, die ein und dasselbe Virus im Körper auslöst, sehr verschiedenartig sein können, wie es auch die allgemeine epidemiologische Erfahrung bestätigt. Die im Wesen der Krankheit liegende Variabilität des Bildes kann naturgemäß auch die Beurteilung der experimentellen Übertragungen erschweren. Wenn z. B. Korbsch und Rocha-Lima nach dem Biß infizierter Läuse nicht erkrankten, so will das angesichts der eben erwähnten positiven Versuchsresultate nicht viel besagen, weil wir ja auch unter natürlichen Bedingungen völlige und teilweise Resistenz gegenüber der Infektion beobachten. Es wäre auch nicht ausgeschlossen, daß der Zeitpunkt der Rickettsieninfektion der Läuse dabei eine Rolle spielt. Die Übertragung der Infektion von einem frischen Krankheitsfalle könnte wirksamer sein, als von einem im Ausgangsstadium der Krankheit. Man könnte sich vorstellen, daß in einem solchen schon fast abgeheilten Falle in dem von der Laus aufgenommenen Blut Immunkörper vorhanden sind, die die Virulenz des Virus ungünstig beeinflussen. Bei der Übertragung der Rekurrens auf Mäuse hat man ähnliches beobachtet, wenn man Blut unmittelbar nach der Krisis zur Verimpfung benutzte. So ist z. B. auch ein von mir vorgenommener Übertragungsversuch auf einen Affen sehr schwer zu deuten. Von den Patienten B. und W. in Warschau schickte mir Munk dankenswerterweise eine Anzahl Läuse, die mit Rickettsien experimentell infiziert waren. Beide Patienten hatten schon viele Fieberanfälle hinter sich und befanden sich auf dem Wege der Heilung. Hie und da traten noch rudimentäre Anfälle auf. Die Läuse wurden vom 29. I. bis 2. II. 18. täglich einmal dem Affen angesetzt. Am 21. II., also nach 21 Tagen, trat eine Temperatursteigerung auf $38,5^0$ ein. Objektive Krankheitserscheinungen waren nicht nachzuweisen. Was allein veranlassen könnte, hierin eine, wenn auch nur rudimentäre Erkrankung zu sehen, ist die Tatsache, daß der mit Krankenblut geimpfte Affe (vergl. Abb. 27) auch nach demselben Zeitintervall eine gleich hohe Temperatursteigerung aufwies. Weitere Versuche müßen zeigen, ob sich beim Affen unter besseren Bedingungen typische Infektionen erzielen lassen.

Rocha-Lima konnte durch Einspritzen der herauspräparierten Organe von infizierten Läusen in die Bauchhöhle von Meerschweinchen eine fieberhafte Erkrankung hervorrufen, die der nach Blutüberimpfung entsprach, doch waren die Versuche nicht zahlreich genug, um jeden Irrtum auszuschließen.

Wir selbst bekamen in mehreren Fällen nach Injektion infizierter Läusedärme in die Bauchhöhle von Feldmäusen die gleichen z. T. periodisch wechselnden Krankheitserscheinungen, die wir nach der Injektion von Krankenblut beobachtet hatten. Mäuse, die mit Herzblut von erkrankten Tieren weitergespritzt wurden, erkrankten in derselben Weise. Leider haben wir es verabsäumt, bakteriologische Kontrollen anzulegen, so daß mit einem endgültigen Urteil über diese Versuche vielleicht besser noch zurückzuhalten ist.

Die Anstellung spezifischer Immunitätsreaktionen, deren positiver Ausfall als weiterer Beweis für die Erregernatur der Rickettsien anzusehen wäre, scheiterte bisher an der Unmöglichkeit der Züchtung der Rickettsien. Einen Hinweis auf die Bildung von Agglutininen enthalten allerdings die Untersuchungen von Otto und Dietrich. Sie beobachteten in mehreren Fällen, daß das Serum von Rekonvaleszenten nach wolhynischem Fieber, ebenso wie Fleckfieberserum, die Rickettsia Prowazeki in nicht unbeträchtlichem Grade agglutinierte. Ebenso wie auch bei anderen Krankheiten, deren Erreger miteinander verwandt sind (z. B. Typhus und Paratyphus, die verschiedenen Ruhrarten) Gruppenagglutinationen vorkommen, dürfte es sich auch hier um das Phänomen der Mit- oder Paragglutination handeln, das auf die nahe Beziehung der Fleckfieberrickettsien zu der Rickettsia wolhynica hinweist.

––––––––––

Die ätiologischen Untersuchungen haben also zu Resultaten geführt, die sämtlich für die Erregernatur der beim wolhynischen Fieber gefundenen Rickettsien sprechen. Allerdings ist zuzugeben, daß der endgültige Beweis noch nicht mit Bestimmtheit erbracht ist, denn es fehlt vorderhand noch die Möglichkeit, den Erreger aus dem Krankenblut zu züchten. Die morphologische und färberische Übereinstimmung der von uns im Blute gefundenen hantelförmigen Gebilde, ihr Auftreten, bzw. Fehlen während der verschiedenen Phasen der Krankheit, das dem positiven bzw. negativen Ausfall der Läuseversuche zeitlich entspricht, macht allerdings die Annahme ihrer Identität sehr wahrscheinlich.

Die beim wolhynischen Fieber mit großer Regelmäßigkeit zu erzielende Rickettsieninfektion der Läuse ist vom Fleckfieberbefund unterschieden.

Es handelt sich um eine spezifische Infektion, nicht um einen „normalen" Parasiten des Läusedarms.

Durch Einverleibung von Rickettsien läßt sich bei Menschen und Versuchstieren die ursprüngliche Krankheit wieder erzeugen.

Anhang.

Die Schaflausrickettsien (Rickettsia melophagi).

Neue Aufschlüsse über die Natur und die Bedeutung der Rickettsien versprach die Entdeckung Nöllers, der gelegentlich seiner Flagellatenzüchtungsversuche im Darm von Schafläusen (Melophagus ovinus), die fast auf jedem Schaf in großen Mengen als blutsaugende Parasiten leben, neben den regelmäßig dort vorhandenen trypanosomenartigen Flagellaten, den sog. Critidien in großer Menge Organismen fand, die mit den beim wolhynischen Fieber und Fleckfieber vorkommenden Rickettsien in jeder Weise morphologisch übereinstimmten. Dieser von Nöller als Kokkobazillus angesprochene, Rickettsia melophagi genannte Organismus ließ sich auf denselben Nährböden wie die Critidia mel. künstlich züchten.

Für die Erforschung des wolhynischen Fiebers und des Fleckfiebers war damit ein äußerst wertvolles, jederzeit bequem zu beschaffendes Vergleichsobjekt gegeben. Die Züchtbarkeit des Organismus auf künstlichen Nährböden ließ bei geeigneter Versuchsanordnung eine Erweiterung unserer morphologischen Kenntnisse über die Rickettsien erhoffen. Aus dem Studium seiner biologischen Eigenschaften, besonders seinem Verhalten im Tierkörper bei verschiedenen Versuchstieren dürften sich wichtige Übereinstimmungen oder Unterschiede gegenüber den anderen Rickettsien ergeben.

Ich habe daher die Schaflausrickettsien zum Gegenstand eingehender Untersuchung gemacht, die ich dank dem bereitwilligen Entgegenkommen und der Unterstützung von Geh.-Rat Neufeld und Prof. C. Schilling im Institut für Infektionskrankheiten „Robert Koch" ausführen konnte.

Ich begann mit der Untersuchung einer großen Zahl von Darmausstrichen von Schaflausfliegen, die von 4 im Institut gehaltenen Schafen abgesammelt worden waren. Die Präparate wurden in der üblichen Weise nach Giemsa gefärbt. In allen Fällen fanden sich sehr zahlreiche morphologisch und färberisch in keiner Weise von der Rickettsia Prowazecki und Wolhynica unterscheidbare Organismen (Abb. 33). Ebenso wie diese waren sie Gramnegativ und nicht säurefest, mit anderen Anilinfarbstoffen schwer färbbar. Bei der Untersuchung im Dunkelfeld erweisen sie sich von gleichem Lichtbrechungsvermögen, lebhaft molekular beweglich, aber ohne Eigenbewegung. Sie passieren das Berkefeldfilter nicht. Sie sind größtenteils hantelförmig aneinandergereiht, kommen aber auch häufig einzeln oder in Ketten zu 3 und 4 aneinandergelagert vor. In Ausstrichen vom Kot der Schafläuse sind sie gleichfalls in großer Menge regelmäßig zu finden, doch

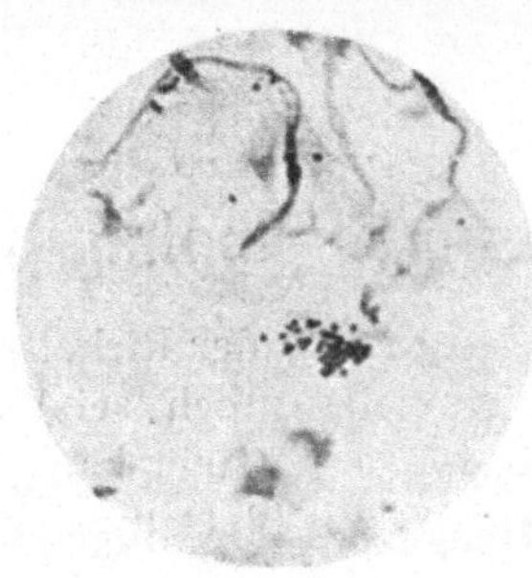

Abb 33 Rickettsia melophagi mit Chitidien im Ausstrichpräparat und Schaflausdarm. 2 mm. 8.

fällt dabei ihre ungleiche Größe auf. Neben den gewöhnlichen scharf kontourierten Exemplaren sieht man stets eine große Menge weniger scharf begrenzte kleine, „krümelige" Formen, die man wohl als im Zerfall begriffen ansprechen darf.

Auch in Schafläusen von polnischen Schafen haben wir sie mehrmals nachweisen können. Nöller fand sie außer in Berlin auch in Bayern. Danach sind also diese Rickettsien als ständige, regelmäßig nachweisbare Parasiten des Schaflausdarmes anzusprechen.

Bei den Züchtungsversuchen dieser Rickettsia folgte ich zunächst genau den Nöllerschen Angaben: Der Darm der Schafläuse wurde steril herauspräpariert, in physiologischer NaCl-Lösung mehrmals zur Entfernung außen etwa noch anhaftender Verunreinigungen gewaschen, dann geöffnet und der Inhalt auf 50 %/₀ Pferdeblutschrägagar folgender Zusammensetzung ausgestrichen: Agar 25,0, Traubenzucker 20,0, schwach alkalische Pferdefleisch-Nährbouillon 1000,0. Bei Bebrütung dieser Röhrchen bei 23° sieht man nach 14 Tagen bis 3 Wochen kleinste punktförmige, durchscheinende runde Kolonien aufschießen, die mikroskopisch untersucht, sich als Reinkulturen von Rickettsien erweisen (Abb. 34). Die Nöllerschen Resultate erfahren damit eine vollkommene Bestätigung.

Von dem Gedanken ausgehend, daß die Rickettsien im Schaflausdarm in einem Hammelblutmedium leben, suchte ich den Nöllerschen Nährboden den natürlichen Verhältnissen dadurch noch mehr anzupassen, daß ich statt Pferdeblut dem Agar Hammelblut zusetzte, um so womöglich ein üppigeres Wachstum der Kolonien zu erzielen. In der Tat läßt sich das Wachstum der Rickettsien auf diese Weise bedeutend beschleunigen. Auf Hammelblutagar kann man schon nach 6-

bis 8 tägiger Bebrütung die typischen Rickettsien-Kolonien beobachten. Ihre Zahl auf einem Röhrchen ist allerdings nicht größer als bei Benutzung des Pferdeblutagars auch, und ihre Größe nimmt auch bei längerem Wachstum nicht sonderlich zu. Berücksichtigt man die große Menge von Material, das jedesmal in einer oder mehreren Platinösen auf ein Röhrchen eingesät wird, so geht offenbar immer nur eine sehr beschränkte Zahl der überimpften Exemplare bei künstlicher Züchtung an. Zur Weiterimpfung ist es nötig, die Kulturen nicht zu alt werden zu lassen, es gelingt dann aber einen und denselben Stamm mehrere Monate hindurch zu erhalten. Die Resultate werden allerdings infolge der langen Bebrütung durch sekundäre Verunreinigungen der Röhrchen vom Stopfen aus (Schimmelbildung) oder durch Austrocknung, die sich auch durch Gummistopfenverschluß nicht immer verhindern läßt, häufig beeinträchtigt. Die Züchtung auf anderen, besonders auf flüssigen Nährböden gelang nicht.

In den von den Kolonien hergestellten Ausstrichpräparaten bieten die Rickettsien dasselbe Bild wie sie es in den Darmausstrichen der Schafläuse und der von Wolhynikern und Fleckfieberkranken stammenden Kleiderläuse auch geben. Es ist unmöglich, die verschiedenen Arten morphologisch voneinander zu unterscheiden. Bemerkenswert ist die Variabilität der Form, die bei oberflächlicher Betrachtung des Ausstriches gar nicht auffällt, bei genauem Vergleich der einzelnen Exemplare aber sehr deutlich wird (Abb. 35 u. 36). Es kommen sowohl Hantelformen, als auch einzelne Granula, sog. Punktformen vor, am frischen Präparat, im hängenden Tropfen kann man sich davon überzeugen, daß hier keine durch das Ausstreichen oder die Färbung bedingte Kunstprodukte vorliegen. Entwicklung von Punktformen zu Hantelformen haben wir weder im hängenden Tropfen, noch im Dunkelfeld beobachten können. Zerteilung von Hantelformen in

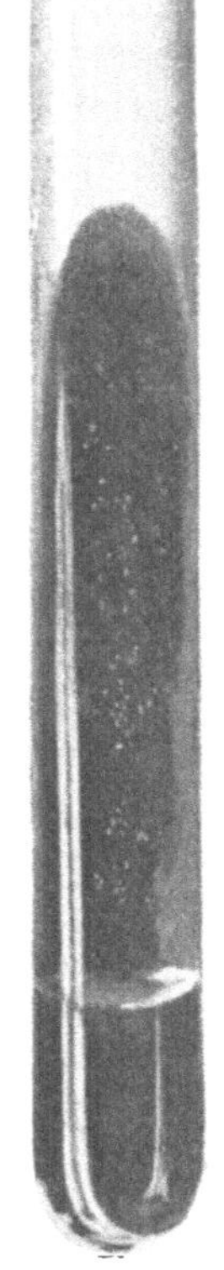

Abb. 34 Rick. mel. in Reinkultur (25 Tage alt).

zwei selbständige Granula sieht man zuweilen. Die Größe der Granula schwankt sowohl, wenn sie einzeln liegen, als auch wenn sie zu einer Hantel vereinigt sind. Kettenbildungen zu dreien oder vieren kommen auch in der Kultur sehr häufig vor.

In jungen Kulturen sieht man zuweilen außer den normal ausgebildeten Hantelformen mit schmälerem Verbindungsstück zwischen den Granulis plumpere, fast stäbchenförmige Gebilde. Die Granula selbst sind hier nicht immer kreisrund, sondern häufig auch ovoid

gestaltet, so daß ihre Form an äußerst kurze Stäbchen erinnert (Abb. 37).
In älteren Kulturen zeigten sich zuweilen noch weitere Form-
unterschiede: Die einzelnen Exemplare sind zu dichten Haufen aggluti-
niert, die Größe der Endgranula schwankt beträchtlich, neben ganz
zarten kommen große, ein Vielfaches der Norm erreichende sehr intensiv
gefärbte Kugeln vor (Abb. 38 u. 39). Einige Male fanden wir auch
einzelne Exemplare von Tönnchen- oder Birnenform, die wohl durch

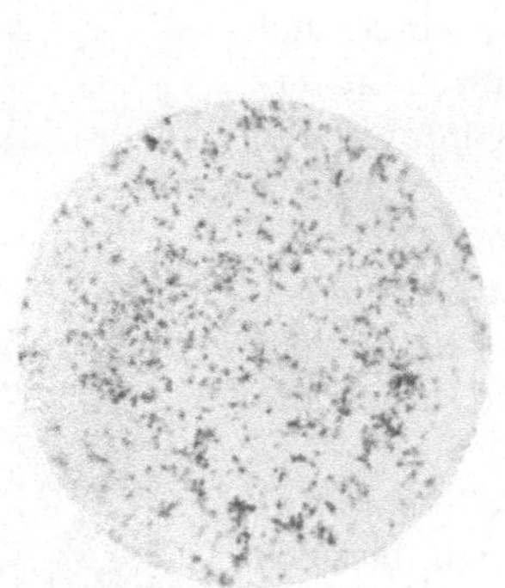

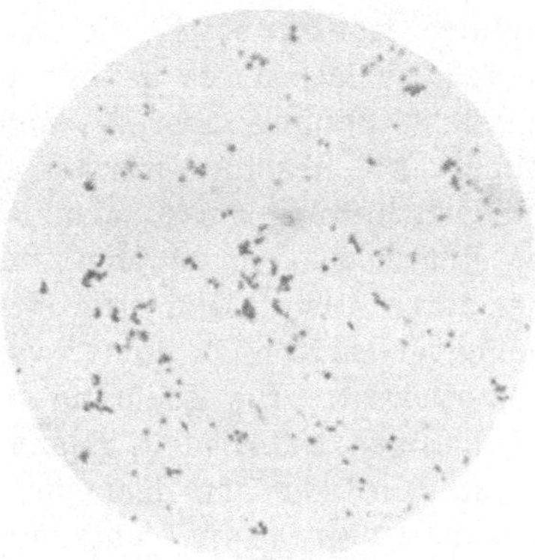

Abb. 35. Rick. mel. Reinkultur.   Abb. 36. Rick. mel. Reinkultur.
16 Tage alt. 1. 8. 4. (Nr. 602).   (Nr. 417). 16 Tage alt.

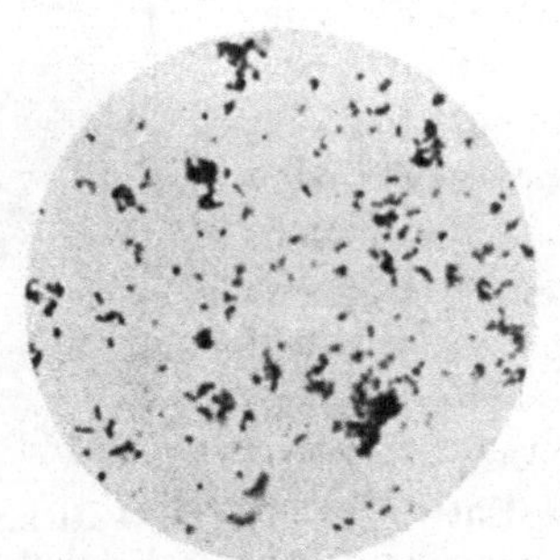

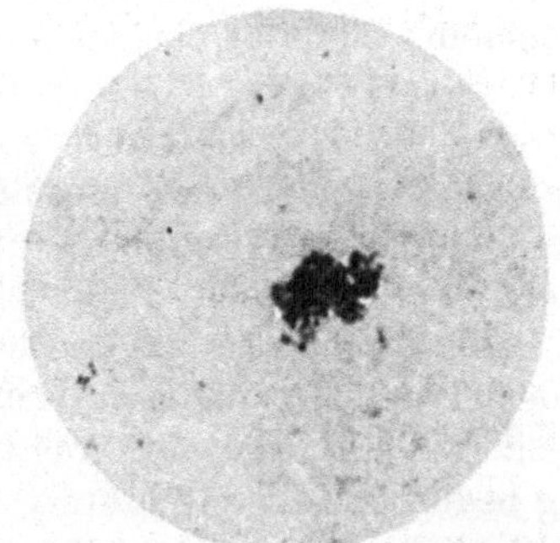

Abb. 37. Rick. mel. Reinkultur.   Abb. 38. Rick. mel. 6 Wochen alt.
     Nr. 612. 10 Tage alt.   Nr. 602. 1. 8. 8.

eine Auftreibung des Mittelstücks zustande gekommen waren und
den gelegentlich auch in alten Fleckfieber- und Wolhynikerläusen
gefundenen Tönnchenformen durchaus glichen. Ferner sieht man
sehr kleine, wenig scharf begrenzte, nur durch die spezifische Färbbarkeit noch als Rickettsien kenntliche krümelige Gebilde, die den
im Schaflauskot nachweisbaren zerfallenen Rickettsien entsprechen
dürften.

Bei mehrmaliger Weiterimpfung eines und desselben Stammes treten ebenfalls häufig Formänderungen auf. Die Hantelformen nehmen an Zahl ab, die Einzelgranula überwiegen und ihre Größe nimmt zu, so daß der ganze Ausstrich mehr und mehr kokkenähnlichen Charakter annimmt.

Alle diese an geprüften Reinkulturen erhobenen Befunde werfen ein helles Licht auf die auch bei Fleckfieber- und wolhynischen Rickettsien beobachteten Formvariationen. Da diese bisher nur an Läusedarmausstrichen festgestellt werden konnten, war immer noch der Einwand möglich, daß fälschlicherweise andere Organismen oder Gebilde unorganischer Natur als Rickettsien angesprochen worden wären. Besonders die Bedeutung der Einzelgranula, der

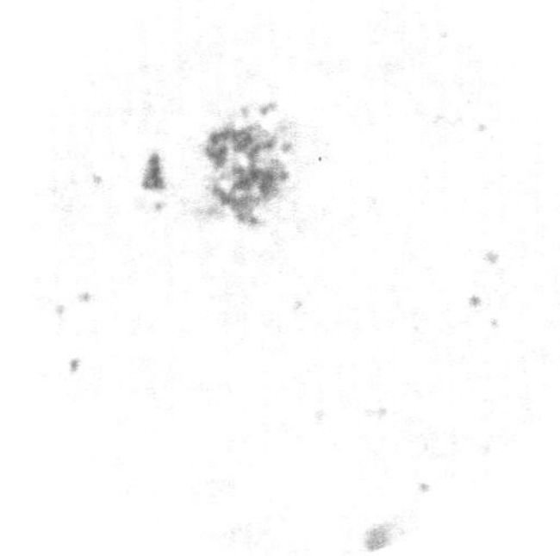

Abb 39. Rick mel. 6 Wochen alt. Nr. 612. 1. 8. 8.

krümeligen Exemplare und der Tönnchenformen konnte zweifelhaft erscheinen. Nachdem aber die Untersuchung der Schaflausrickettsien in der Kultur die gleichen Ergebnisse gezeitigt hat, darf es als erwiesen gelten, daß sie alle dem Formenkreis der Rickettsien angehören.

Zur Feststellung der biologischen Eigenschaften der Schaflausrickettsien mußte zunächst ihr Verhalten im Organismus der Schaflaus selbst untersucht werden. Ich benutzte dazu die gleiche histologische Technik wie Sikora und Rocha-Lima beim Studium der Rickettsien in der Kleiderlaus. Mehr als 30 Schafläuse (männliche und weibliche) wurden in Serienschnitte zerlegt. In allen Fällen wurden ausschließlich im Darm Rickettsien gefunden, niemals sah ich sie in anderen Organen. Der Kopfteil und Brustteil des Darms, ebenso der Saugrüssel, war stets frei von Rickettsien. Vom Anfange des Abdomens an, wo der Darm sich zu einem großen Sack erweitert, der zunächst von einem kubischen, aus leicht granulierten Zellen bestehenden Epithel überzogen ist, ist die ganze Oberfläche des Darms bis zum After hin von großen Mengen von Rickettsien bedeckt; auch im Darmlumen sieht man sie in mehr oder weniger großen Haufen zusammenliegen. Im Mittel- und Endteil des Darms zeigen sie eine charakteristische Anordnung, sie treten hier in enger Verbindung mit den wie Pfeile in einem Köcher der Darmwand aufsitzenden Critidien auf und zeigen innerhalb der die Zellen nach dem Darmlumen bedeckenden Schicht die von Rocha-Lima beschriebene pallisadenartige Anordnung (Abb. 40).

Bezüglich ihres Verhaltens zu den Darmzellen ergab sich folgendes: In 24 Fällen wurden die Rickettsien ausschließlich extrazellulär gefunden. In 6 Fällen fand sich aber auch einwandfrei eine intra-

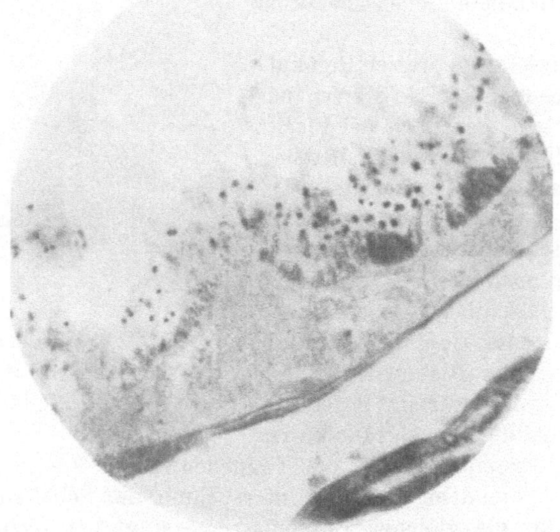

Abb. 40. Schaflausdarm. 4 μ. 1, 8. 4. Rickettsien und Critidien.

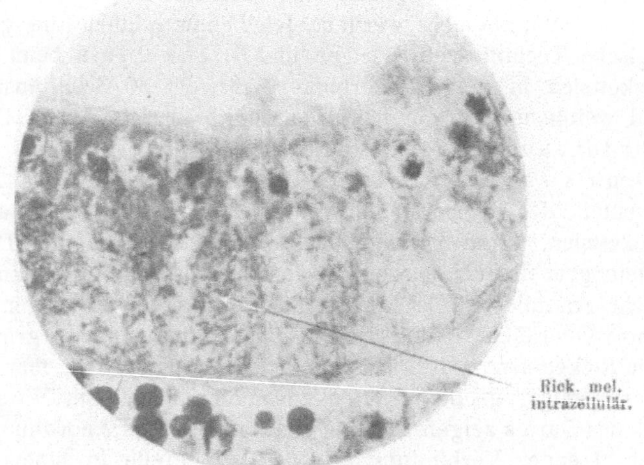

Abb. 41. Schaflausdarm. 4 μ. 1, 8. 8.

zelluläre Ansiedelung. Ganz besonders erwiesen sich die Zellen der oberen Darmabschnitte in diesen Fällen strotzend mit Rickettsien an-

gefüllt, so daß sie schon bei schwächerer Vergrößerung als dunkler
gefärbt von ihrer Umgebung abstachen (Abb 41). Einige Male
waren auch einzelne Zellen der mittleren und unteren Darmabschnitte von Rickettsien infiziert, unmittelbar benachbarte Zellen dagegen wieder frei. An den Zellen selbst, besonders an ihrem Kern,
fanden sich keine abnorme Veränderungen. Wir sehen also, daß auch
die Schaflausrickettsien, wie Nöller schon in seinen ersten
Ausstrichpräparaten erkannt hatte, den Charakter echter Zellparasiten annehmen können, wenn dieses Verhalten auch nicht so häufig
ist, wie die ausschließlich extrazelluläre Ansiedelung. Sie verhalten sich mithin in dieser Beziehung der Rickettsia
wolhynica analog, während nach Rocha-Limas Untersuchungen für die Rickettsia Prowazecki die intrazelluläre Vermehrung
als Regel zu gelten hat. Über die Bedingungen der intrazellulären
Ansiedelung gaben unsere Untersuchungen keinen Aufschluß. Von
der Verdauungstätigkeit ist sie im Gegensatz zu Töpfers Ansicht
wohl unabhängig, denn von 6 Schafläusen, die wir nach 1-, 2- und 3-
tägigem Hunger untersuchten, waren auch bei einer einige Zellen
mit Rickettsien angefüllt. Bei jungen Schafläusen fand sich das intrazelluläre Vorkommen in gleicher Häufigkeit wie bei den alten.

Für die biologische Wertung der Schaflausrickettsien ist zumal
im Vergleich mit dem Rickettsienbefund in der Kleiderlaus beim
Fleckfieber und wolhynischen Fieber, die wichtigste Frage die nach
ihrer Herkunft. Wie wir gezeigt haben, steht und fällt die ätiologische Bedeutung jener beiden Rickettsienarten mit dem Nachweis,
daß sie erst aus dem kranken Organismus in die Laus hineingelangen. Würde sich zeigen lassen, daß ebenso die Rickettsia melophagi nur durch den Saugakt aus dem Schafblut in den Darmkanal
der Schaflaus aufgenommen würde, so hätten wir beim Schaf eine
analoge Rickettsieninfektion vor uns, wie sie nach unserer Annahme
das wolhynische Fieber und das Fleckfieber beim Menschen ist.

Über diese Frage mußte die Untersuchung des Schafblutes
Aufschluß geben können. Sollte die Quelle der Rickettsieninfektion
der Schaflaus das Schaf sein, so müßte der Nachweis der Rickettsia
melophagi im Schafblut zu erbringen sein. In 8 Versuchen wurden
je 10 Röhrchen Hammel- oder Pferdeblutagar mit mehreren Kubik-
zentimetern Blut eines Schafes beimpft, auf dem eine große Anzahl
Schafläuse saßen. Sämtliche Versuche fielen negativ aus. An und
für sich will dieses Ergebnis noch nicht viel besagen; aus den Züchtungsversuchen der Rickettsien aus den Schaflausdärmen ging schon
hervor, daß eine große Menge von Material überimpft werden muß,
wenn man sicher gehen will, daß die Kulturen auch angehen. Es
wäre daher möglich, daß die Blutkulturen deswegen steril geblieben
sind, weil die Rickettsien in zu großer Verdünnung im Schafblut
vorhanden waren. Es sollten daher in ähnlicher Weise Schafläuse

künstlich mit Rickettsien am Schaf infiziert werden, wie man Kleiderläuse an fleckfieber- oder wolhynikakranken Menschen infizieren kann.

Da gewöhnliche Schafläuse sämtlich infiziert sind, mußten selbst gezüchtete Exemplare benutzt werden, die noch nicht am Schaf

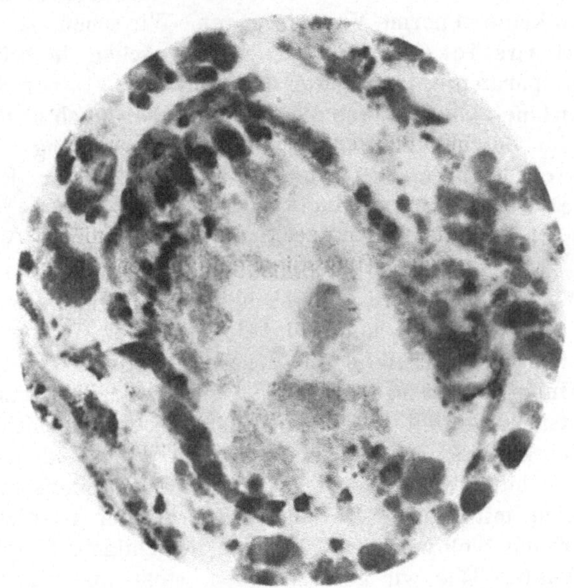

Abb 43. Schnitt durch Schaflausei 4 μ. Darmkanal schon angelegt; im Lumen sehr zahlreiche Rick. 1, 8. 4.

gesaugt hatten. Es wurden daher eine Anzahl Eier aus dem Schafpelz abgesammelt und künstlich im Brutschrank ausgebrütet. Einige von den nach 10—20 Tagen ausgeschlüpften Jungen wurden auf Rickettsien untercht, bevor sie zum Saugen angesetzt ırden. Dabei ergab sich die wichtige atsache, daß auch diese eben aus ɘm Ei gekrochenen Exemplare samtlich mit Rickettsien, wie die erwachsenen Tiere, infiziert waren. Es wurden daraufhin auch eine größere Anzahl von Eiern verschiedenen Alters histologisch untersucht. In ganz jungen Eiern, die den Muttertieren aus dem Ovarium entfernt wurden, konnten noch keine Rickettsien nachgewiesen werden. War

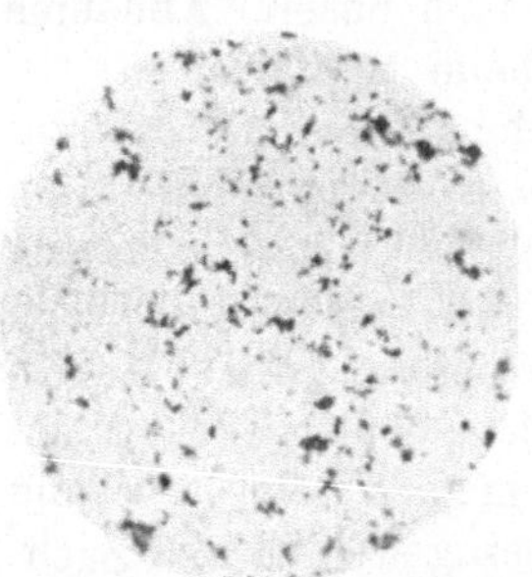

Abb. 44. Rick. mel. Reinkultur aus dem Ei gezüchtet. 14 Tage alt. 1, 8. 4.

aber der Darmkanal schon angelegt, so fanden sich jedesmal innerhalb desselben auch schon mehr oder weniger zahlreiche Rickettsien.

Bei den vollentwickelten Larven war der Darmkanal oft strotzend mit Rickettsien erfüllt. Sie liegen entweder in dichtem Saum auf der Oberfläche der Epithelien oder dicht gedrängt in und an den ins Lumen abgestoßenen jungen Zellen und Eiweißkugeln (Abb. 43 u. 44). Bemerkenswerterweise fehlen aber in den Larven und den noch nicht am Schaf gefütterten Schafläusen die Critidien.

Es geht aus diesen Untersuchungen also hervor, daß die Schaflausrickettsien regelmäßig durch Eiinfektion vererbt werden. Das Schaf ist nicht die Quelle der Rickettsieninfektion, es ist sogar unwahrscheinlich, daß die Rickettsien überhaupt von den Schafläusen auf das Schaf übertragen werden. Die Züchtungsversuche aus dem Schafblut mißlangen, im Saugrüssel und Anfangsteil des Darmes wurden niemals Rickettsien beobachtet.

Dagegen ist es sehr wahrscheinlich, daß die Critidien erst aus dem Schaf in den Darm der Läuse hineingelangen, denn die jungen Schafläuse beherbergen noch keine Flagellaten, im Schafblut sind sie dagegen von Behn und Woodcook nachgewiesen worden

Es ergibt sich hieraus ein fundamentaler biologischer Unterschied zwischen der Rickettsia melophagi einerseits und der Rickettsia Prowazecki und Wolhynica andererseits. Jene erweisen sich als normale und regelmäßige Bewohner des Schaflausdarms, diese aber gelangen nur dann in der Kleiderlaus zur Vermehrung, wenn sie zufällig durch den Saugakt von einem Kranken aufgenommen werden.

Bei der Prüfung der Pathogenität erwiesen sich die Schaflausrickettsien als gänzlich avirulent. Ein neugeborenes, noch nicht mit Melophagus infiziertes Lämmchen, dem 5 ccm einer stark mit Rickettsien angereicherten NaCl-Lösung intramuskulär injiziert wurde, zeigte ebenso wenig irgendwelche Krankheitserscheinungen, wie ein älteres Schaf, das 5 ccm Rickettsienkulturaufschwemmung intravenös injiziert bekam. Auch Kaninchen, Meerschweinchen und Mäuse verhielten sich bei intraperitonealer und intravenöser Injektion vollkommen refraktär. In praktischer Beziehung vermag also die Nöllersche Entdeckung die Erforschung der Ätiologie des Fleckfiebers und wolhynischen Fiebers nicht zu fördern, zumal auch bisher alle Versuche, die anderen Rickettsienarten in ähnlicher Weise wie die Rickettsia melophagi zu züchten, mißlungen sind. Um so interessanter sind aber in theoretischer Beziehung die durch das Studium der Schaflausrickettsien gewonnenen Resultate: Wir können drei Arten von Rickettsien unterscheiden, die morphologisch in jeder Weise miteinander übereinstimmen, in biologischer Beziehung aber vermöge ihrer spezifischen Anpassung die größten Verschiedenheiten aufweisen.

Die Stellung der Rickettsien im System der Mikroorganismen und die Beziehungen des wolhynischen Fiebers zu anderen Infektionskrankheiten, besonders dem Fleckfieber.

Die Frage der Stellung der Rickettsien im System der Mikroorganismen hat nicht nur ein allgemeines naturwissenschaftliches Interesse, sie ist auch von Wichtigkeit für das Verständnis der Pathogenese des wolhynischen Fiebers und die nosologischen Beziehungen dieser Krankheit zu anderen Infektionskrankheiten. Rocha-Lima hat die Frage schon bei seinen ersten Untersuchungen an Flecktyphusläusen angeschnitten, sich aber hier wie auch späterhin einer entschiedenen Stellungnahme enthalten. Rein morphologisch betrachtet verhalten sich die Rickettsien ganz wie Bakterien; allerdings sind sie kleiner als die kleinsten sonst bekannten Arten, z. B. als der Mikrokokkus Melitensis. Nöller und Töpfer haben sich denn auch entschieden für ihre Zugehörigkeit zu den Bakterien ausgesprochen. Ihre biologischen Eigenschaften, die zunächst bei den Fleckfieberrickettsien untersucht wurden, können indessen keinen Zweifel darüber aufkommen lassen, daß sie sich wenigstens von den sonst bekannten Bakterien in mehreren wesentlichen Merkmalen unterscheiden. Hier ist zunächst an ihr färberisches Verhalten zu erinnern: sie färben sich am besten nach Giemsa und zwar „eigenartig rubinrot ähnlich wie Spirochäten und Schwanzstücke von Spermatozoen (Rocha-Lima)“. Mit den gewöhnlichen Anilinfarbstoffen sind sie nicht oder nur schwer färbbar. Von den Bakterien im gewöhnlichen Sinne des Wortes unterscheiden sie sich ferner durch die Unfähigkeit, auf den gebräuchlichen Bakteriennährböden zu wachsen und die eigentümliche Art und Weise ihrer Vermehrung in der Laus. Ihre primitivste Erscheinungsform sind nach unserer Erfahrung nicht die zuerst und meist gesehenen Hantelformen, sondern die einzelnen kugeligen oder ovoiden Granula, die man stets in großen Massen neben den paarweise gelagerten Kügelchen sowohl im einfachen Ausstrichpräparat, als auch in Schnittpräparaten antrifft. Daß sie auch im Krankenblut vorkommen, ist wohl zu beobachten, allerdings ist eine sichere Identifizierung noch schwieriger als bei den Hantelformen, da die Trennung von anderen, aus verschiedenen Gründen zuweilen auftretenden Eiweißkügelchen bei Betrachtung im lebendfrischen und im gefärbten Blutpräparat nicht durchführbar ist. Die Hantelform stellt demgegenüber die Teilungsform dar. Die Vermehrung erfolgt also nicht wie bei den gewöhnlichen Bakterien durch Spaltteilung, sondern unter Ausbildung des für die Hantel charakteristischen, längere Zeit hindurch sichtbarbleibenden Zwischenstücks in Gestalt einer feinen Brücke. Eine weitere, von den Bakterien abweichende Eigenschaft ist die Fähigkeit der Rickettsien zu intrazellulärem Wachstum, die vornehmlich den Fleckfieberrickettsien eigen ist. Sie liegen dabei nicht frei im Protoplasma der befallenen Zellen, sondern in dichten Haufen mit scharf abgegrenzten Konturen. Häufig werden diese Agglomerate im ganzen wie ein Flüssigkeitstropfen ins Darmlumen ausgestoßen. Eigenartig und für Bakterien ungewöhnlich ist schließlich ihre ausgesprochene und obligate Anpassung an einen Zwischenwirt, die Kleiderlaus, und die erst nach einer gewissen Latenz- oder Entwicklungszeit einsetzende Vermehrung. Die Rickettsia wolhynica verhält sich, wie wir gesehen haben, in jeder Beziehung der Rickettsia Prowazeki analog, nur daß hier das intrazelluläre Wachstum viel seltener zu sein scheint, wie die Untersuchungen Rocha-Limas an Schnittpräparaten ergeben haben. Ist es aber vorhanden, so finden sich auch hier ähnliche Verhältnisse wie bei den Fleckfieberrickettsien. Schon bei vorsichtiger Präparation des Läusedarms bekommt man keineswegs das dem rasenartigen Wachstum von Bakterien auf einem Nährboden. entsprechende Bild, man sieht vielmehr gelegentlich die einzelnen Exemplare zu mehr oder weniger großen dichten Haufen oder um die Peripherie eines Plasmarestkörpers vereinigt, der im Zentrum einen helleren Hof erkennen läßt. Derartig kranzartig angeordnete Rickettsienhäufchen liegen auch zuweilen frei im Gesichtsfeld und die zugehörigen Darmepithelien zeigen dann entsprechend große Lücken in ihrem Protoplasma aus dem sie offenbar in toto herausgefallen sind.

Durch alle diese Eigenschaften treten die Rickettsien in Beziehung zu einer Gruppe von Mikroorganismen, die eine Mittelstellung zwischen Bakterien und Protozoen einnehmen und von Lipschütz als Strongyloplasmen, von Prowazek als Chlamydozoen bezeichnet wurden. Es sind hierher die Erreger der Pocken, des Trachoms, der Lyssa, des Scharlachs, der Masern und anderer Infektionskrankheiten gerechnet worden. In der Tat ist die morphologische Ähnlichkeit aller dieser verschiedenen Virusarten mit den Rickettsien eine auffallend große. Es sind kleinste, rundliche Körperchen, die sich durch Hantelteilung vermehren und sich nicht wie Bakterien züchten lassen. Die Eigenschaft der Filtrierbarkeit, die sie auch von den Bakterien unterscheiden soll, teilen die Rickettsien allerdings nicht mit ihnen; man wird darauf aber nicht allzuviel Gewicht legen dürfen, da man lediglich auf Größenunterschiede keine Systematik aufbauen kann. Hat man doch auch manche andere hierher gehörige, früher als ultravisibel bezeichnete Organismen später mikroskopisch darstellen können.

Bestimmte biologische Eigenschaften sind es vor allem, die diesen Organismen eine gewisse Sonderstellung einräumen und sie jedenfalls von den sonst bekannten Bakterienarten trennen. Ähnlich wie bei den Protozoen kann man auch hier von einem **Entwicklungs-gang** sprechen: sie vermehren sich nach einer gewissen Latenz-zeit, in ihrer primitivsten Form sind es kleinste, rundliche Körperchen, **Initialkörper** genannt, aus ihnen gehen durch hantelförmige Abschnürung die sogenannten **Elementarkörper** hervor, die größtenteils echte Zellparasiten sind und bei einigen Krankheiten in den befallenen Zellen charakteristische Reaktionserscheinungen aus-lösen. Daß bei den Rickettsien ähnliche Eigenschaften vorliegen, geht aus unserer Darstellung ohne weiteres hervor. Wir fanden auch hier bei dem Wachstum in der Laus eine Latenzzeit bis zur massenhaften Vermehrung. Wir haben bei der Rickettsia Prowazeki, und angedeutet auch bei der Rickettsia Wolhynica, den Zellparasitis-mus. Als Reaktionserscheinung des Protoplasmas sind beim Fleck-fieber vielleicht die membranartigen Abgrenzungen der Erregerhaufen im Inneren der Magenzellen der Laus, beim wolhynischen Fieber die gelegentlich sichtbare, eigenartige homogene Umwandlung des Proto-plasmas in der Umgebung der Rickettsien anzusehen. Wie weit im menschlichen Körper beim Fleckfieber und beim wolhynischen Fieber ähnliche Verhältnisse vorliegen, entzieht sich allerdings heute noch unserer Kenntnis. Über die Art ihres Wachstums und den Ort ihrer Ansiedlung sind wir hier zum größten Teil noch auf Hypothesen an-gewiesen.

Wir wissen nur, daß zu Beginn der Krankheit und beim wolhyni-schen Fieber auch zu Zeiten der späteren Anfälle, eine **Generalisation des Erregers auf dem Blutwege** stattfindet. Daß beim Fleckfieber eine der Generalisation **folgende zelluläre Fixation** der Erreger in bestimmten Organen oder Organsystemen anzunehmen ist, ist seit der Auffindung der spezifischen anatomischen Veränderungen an den kleinen Gefäßen der Haut und anderer Organe in höchstem Grade wahrscheinlich geworden, wenn auch entgegen den Angaben von **Hanser** und **Töpfer** der Nachweis der Erreger im erkrankten Gewebe noch nicht erbracht ist[1]). Aber auch ohne diesen muß die als pathognomonisch anerkannte histologische Veränderung doch auf die Wirkung und Anwesenheit des Parasiten bezogen werden. Es ist sehr wohl denkbar, daß nach der Bindung des Erregers infolge der starken Giftwirkung nicht nur die befallenen Zellen, d. h. also die Gefäßendothelien, nekrotisch werden, sondern daß auch der Erreger selbst dabei zerfällt, wodurch er dem mikroskopischen Nachweis ent-gehen muß. Die Rückbildung der anatomischen Veränderungen ist dementsprechend auch gleichbedeutend mit der Heilung der Krank-heit. Es fehlen daher beim Fleckfieber in scharfem Gegensatz zu bakteriellen Erkrankungen alle Komplikationen, die auf eine sekundäre

---

[1]) Neuerdings berichten **Kuczynski** und **Jaffé**, daß ihnen der Nachweis der Rickettsien Prowazek in Leberzellen bzw. Gefäßendothelien gelungen sei. Zentralbl. f. path. Anat. 1918 Bd. 29. Med. Klin. 1918 S. 1209.

Verschleppung und örtliche Neuansiedlung der Krankheitserreger hinweisen.

Beim wolhynischen Fieber fehlt bisher ein regelmäßiger anatomischer Befund, der auf eine zelluläre Fixation des Virus hin-

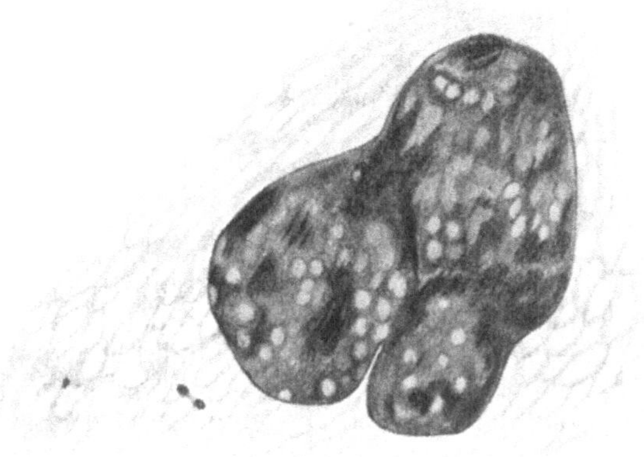

Abb. 45. Großer mononukleärer Leukozyt (Fleckfieber) mit Einschluß.
(Rick. Prow.?) 1. 5. 18.

deutet. Ein solcher liegt höchstens in denjenigen Fällen vor, in dem es auch hier zum Auftreten eines Exanthems kommt. Die Ähnlichkeit der histologischen Veränderungen weist

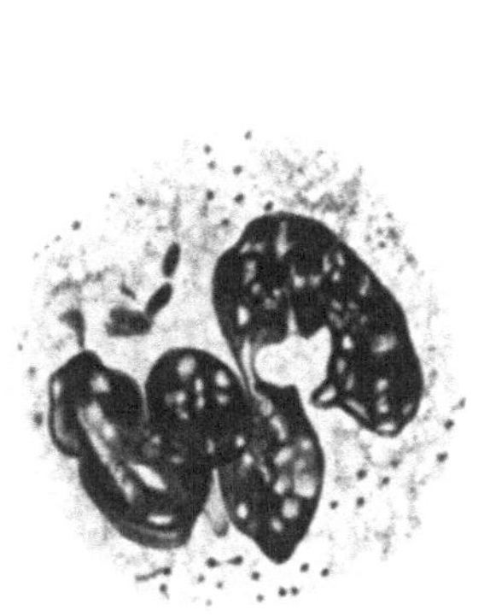

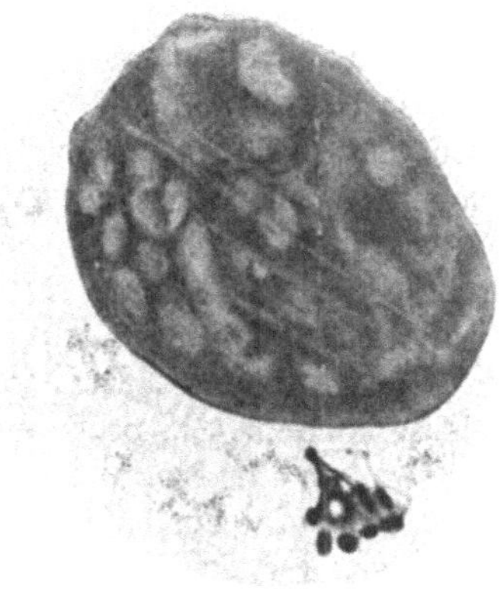

Abb. 46. Neutrophiler Leukozyt.   Abb. 47. Lymphozyt (F. W.) mit Ein-
(F. W.) mit Einschluß. 2 mm. 18.   schluß. 2 mm. 18.

darauf hin, daß in der Giftwirkung gewisse Übereinstimmungen mit dem Fleckfieber bestehen müssen. In diesem Zusammenhang soll auch erwähnt werden, daß wir in einigen

Fällen in Leukozyten Körperchen gesehen haben, die wir nach Form, Größe und Färbbarkeit nicht von Rickettsien unterscheiden konnten (Abb. 45). Ferner fanden wir in weißen Blutkörperchen einige Male eigentümliche Einschlüsse, die außerordentlich an manche Entwicklungsstadien Guarnierischer Körperchen erinnern und wohl mit den beim Fleckfieber von Prowazek beschriebenen identisch sind (Abb. 46 u. 47). Sie sind natürlich in verschiedenem Sinn zu deuten, aber es ist doch bemerkenswert, daß auch bei anderen hierher gehörigen Erkrankungen, z. B. dem Scharlach, ähnliche Einschlüsse sehr häufig gefunden worden sind. Sie für spezifische Gebilde zu halten, würde z. B. auch mit der Tatsache im Einklang stehen, daß es gelang, das Fleckfiebervirus durch Injektion abgesetzter Leukozyten zu übertragen.

Der streng zyklische Krankheitsverlauf des wolhynischen Fiebers macht jedoch ganz abgesehen von diesen Befunden die Annahme einer spezifischen zellulären Fixation des Virus sehr wahrscheinlich. Solange die Ursache der Erkrankung noch unbekannt war, war man eben deswegen geneigt, in Analogie etwa mit der Malaria eine protozoäre Ätiologie anzunehmen. Die schizogone Vermehrung, die die meisten Protozoen aufweisen, hätte ohne weiteres eine Erklärung für den periodischen Ablauf der Erkrankung abgegeben. Mit der Vorstellung einer bakteriell-septischen Erkrankung ist jedenfalls der regelmäßig intermittierende Charakter nicht vereinbar. Würde man sich denken, daß irgendwo im Körper ein primäres Erregerdepot vorhanden wäre, so könnte das Auftreten der Rezidive niemals so bestimmten zeitlichen Gesetzmäßigkeiten unterworfen sein und es müßten mehr oder wenig häufig lokale Metastasen nachweisbar werden, die auf eine embolische Verschleppung und sekundäre Wucherung der Erreger hinweisen. Alle Organsymptome, die wir beobachten, sind aber lediglich Manifestationen der Giftwirkung des Virus. Es ist daher die Auffassung am verständlichsten, daß immer wieder neue Zellen der gleichen Art, welche die Erreger in die Zirkulation abgeben, auch der Ausgangspunkt der Relapse werden. Die Annahme der zellulären Verankerung der Erreger im menschlichen Körper hat gleichzeitig auch die Vorstellung einer bestimmten Entwicklungszeit zur Voraussetzung, die wir im Läusedarm direkt beobachten können. Sie beansprucht hier, wie wir gesehen haben, etwa 4–6 Tage und es ist gewiß kein Zufall, daß dieser Zeitraum gerade dem häufigsten Intervall zwischen zwei Anfällen entspricht. Vergleichen wir unter den hier entwickelten Gesichtspunkten das wolhynische Fieber mit dem Fleckfieber, so wird eine weitgehende allgemein-pathologische Übereinstimmung der beiden Krankheiten verständlich. Bei der großen Verschiedenheit ihrer klinischen Erscheinungen konnte erst die Auffindung ihrer offenbar systematisch eng zusammengehörigen Erreger darauf hinweisen. Das schwere Krankheitsbild des Fleckfiebers ist bedingt durch die Intensität der allgemeinen Giftwirkung

und der zellulären Reaktionen, die der Krankheitserreger im Körper
auslöst. Das Virus selbst geht mit der Verankerung in der Zelle zugrunde, ein Rezidiv ist daher unmöglich. Beim wolhynischen Fieber
bleibt dagegen die Zelle und zunächst ebenso auch der Parasit erhalten, weil die Giftwirkung, wie auch der stets günstige Ausgang
der Erkrankung zeigt, eine viel geringere ist. Der Parasit macht
seine Entwicklung durch und verläßt dann die Zelle, um sich alsbald
von neuem anzusiedeln, das Rezidiv ist also die Regel.

Pathogenese.

Die zahlreichen über die Biologie des Erregers bekannten Tatsachen zusammen mit dem Ergebnis der klinischen Beobachtung recht-
fertigen den Versuch, schon jetzt eine Erklärung für die Entstehung
der verschiedenen Krankheitstypen des wolhynischen Fiebers zu
geben, wenn uns auch der hypothetische Charakter mancher der heute
möglichen Vorstellungen bewußt bleiben muß.

Wir gehen dabei von der paroxysmalen Verlaufsform aus,
deren äußerlich schon erkennbare, oft regelmäßige Periodizität die
für die Erkrankung charakteristischen Gesetzmäßigkeiten am deutlichsten zeigt. Aus unseren Blutbefunden und den Läuseversuchen
wissen wir, daß das Auftreten der hauptsächlichsten Krankheitserscheinungen mit dem Kreisen des Erregers im Blut Hand in Hand
geht. Das Intervall, während dessen er sich unserem Nachweis entzieht, täuscht dagegen völlige Gesundheit vor. Die Fieberreaktion
erweist sich somit als der Ausdruck der Giftwirkung des im Blute
kreisenden und zerfallenden Erregers. Wir können also auch hier,
ganz ähnlich wie es Schilling von der Malaria annimmt, von
„paroxysmalen Toxinen" sprechen. Ebenso wie bei der Malaria muß
auch hier in der Regel alsbald eine Neutralisation dieser Gifte durch
rasche Mobilisation von Abwehrstoffen erfolgen; denn in wenigen
Stunden schwinden die Krankheitserscheinungen und der Anfall ist
vorüber. Jeder folgende Anfall wiederholt die Erscheinungen des
ersten; aber es ändert sich im allgemeinen das Bild insofern, als
die Reaktionserscheinungen allmählich geringer werden. Es kann
schließlich sogar der Fall eintreten, daß periodisch Erreger im Blute
kreisen, ohne daß der Kranke überhaupt noch wesentliche Krankheitserscheinungen aufweist. Der Körper ist also gegen die beim Zerfall
des Erregers gebildeten Gifte allmählich unempfindlich geworden. Der
paroxysmal - rezidivierende Verlauf ist also einer staffelweisen Immunisierung durch Autovakzination zu vergleichen.

Man könnte theoretisch hieraus sogar die Vorstellung ableiten,
daß das fieberfreie Intervall lediglich die Folge dieser zeitlich begrenzten Immunität wäre, sodaß die Annahme einer Entwicklungszeit

und zellulären Fixation des Parasiten überflüssig würde. Abgesehen
davon, daß dann dauernd Erreger im Blute nachweisbar bleiben
müßten, widerspricht dieser Deutung indessen mit aller Schärfe die
Regelmäßigkeit und vielfach zeitlich so genau fixierte Periodizität der
Krankheitserscheinungen. Es ist undenkbar, daß diese rein passiv
durch eine zunehmende, beziehungsweise abnehmende Immunität
gegenüber den vom Erreger produzierten Giften zustande kommen sollte.
Auch die Abweichungen vom häufigsten fünftägigen Rhythmus der Anfälle, die regelmäßige Wiederkehr von 3, 6 oder 7 tägigen Intervallen,
allmähliches Zusammen- oder Auseinanderrücken von Anfällen, Anteponieren und Postponieren, sind nur verständlich, wenn wir zu ihrer
Erklärung Unregelmäßigkeiten in der Entwicklung und Vermehrung
des Erregers selbst annehmen.

Den rein paroxysmalen Fällen stehen die mit hochseptischen
Temperaturen einhergehenden Krankheitsformen patho-
genetisch am nächsten. Blutuntersuchungen und Läuseversuche ergaben hierbei in voller Übereinstimmung, daß die Erreger mehrere Tage
lang im Blut kreisen. Die klinischen Symptome sind im wesentlichen
die gleichen wie bei den einfachen Paroxysmen, sie wechseln in rhythmi-
schen, mit der Temperatur übereinstimmenden Schwankungen, nur
werden die Allgemeinerscheinungen infolge der Kürze der Intervalle
und der Häufung der Giftbildung schwerer. Es handelt sich also
um gehäufte Paroxysmen. Zur Erklärung dieser Erscheinung könnte
man sich vorstellen, daß es sich, ähnlich wie bei der Malaria quotidiana
um Doppel- und Mehrfach-Infektionen handelte. Bei der natürlichen
Übertragung der Erkrankung, z. B. in verlausten Unterständen im
Schützengraben, wo jeder einzelne gleichzeitig und an mehreren
Tagen hintereinander von zahlreichen infizierten Läusen befallen wird,
müßte dann allerdings diese Verlaufsform weit häufiger vorkommen,
als es in der Tat der Fall ist. Daß überhaupt die Quantität des
Infektes, d. h. die Menge der übertragenen Erreger für den Verlauf
der folgenden Erkrankung ohne Belang ist, zeigen deutlich die
vielen experimentellen Übertragungen und ganz besonders der Fall
Kuczynski. Wahrscheinlicher ist daher die Annahme, daß auch
hier im wesentlichen Änderungen in der Vermehrung und Entwicklung der Parasiten eine Rolle spielen. Da diese Verlaufsform sich
gewöhnlich nur vorübergehend, z. B. neben einfachen Paroxysmen
im Laufe der Erkrankung ausbildet, muß bei ihrem Zustandekommen
auch die individuell und zeitlich bei ein und demselben Fall verschiedene Reaktionsfähigkeit des Organismus eine Rolle spielen.

Wir kommen damit auf einen Faktor, der abgesehen von dem
Verhalten des Erregers im erkrankten Organismus für die Genese
der verschiedenen Verlaufsarten der Krankheit offenbar von der
größten Bedeutung ist. Die vielen experimentell erzeugten Erkrankungen zeigen ebenso wie die unter natürlichen Verhältnissen

unmittelbar auseinander hervorgehenden Infektionen, daß derselbe Stamm des Parasiten in dem einen Organismus eine schwere, in dem andern eine leichte Infektion hervorzurufen imstan'e ist und daß ganz wahllos aus einer bestimmten Verlaufsart bei der Übertragung jede andere entstehen kann. In der gleichen Weise können auch während einer und derselben Erkrankung zu verschiedenen Zeiten die Erscheinungen in weitestem Maße variieren. Die Wechselbeziehungen zwischen Parasit und Wirtsorganismus sind also offenbar sehr mannigfache. Die rudimentären Verlaufsformen finden so eine natürliche Erklärung. Der Zustand, der bei dem gewöhnlichen paroxysmalen Verlauf erst nach mehreren Anfällen stufenweise erreicht wird, die relative Immunität gegenüber den paroxysmalen Toxinen, ist hier von Anfang an vorhanden. Aber auch bei den rudimentären Fällen ist häufig das Gleichgewicht nur ein labiles, solange der Erreger überhaupt noch im Körper vorhanden ist. Ebenso wie wir bei scheinbar ausgeheilten Fällen durch äußere Faktoren, Erkältungsschäden, körperliche Überanstrengung, interkurrente Erkrankungen von neuem mehr oder weniger schwere Rezidive auftreten sehen, können hier aus inneren Gründen plötzlich noch schwere Krankheitserscheinungen entstehen.

Die pathogene Wirkung des Erregers ist aber mit den Krankheitserscheinungen, die seine Einschwemmung in die Blutbahn unmittelbar auslöst, noch nicht erschöpft. Der einfachste, bisher angenommene Fall, daß nach einem mehr oder weniger hohen Fieberparoxysmus in wenigen Stunden völlige Gesundheit zurückkehrt, kommt in dieser Reinheit fast nie zur Beobachtung. Gewöhnlich bilden sich, von Anfall zu Anfall stärker werdend, erst die spezifischen Krankheitserscheinungen aus: die Leber- und Milzschwellung, die Schienbeinschmerzen und zahlreiche andere nervöse Symptome. Größtenteils dauern sie in späteren Stadien der Erkrankung auch während des Intervalles an. Die Fieberkurve des Anfalls ist dabei nicht selten in die Länge gezogen. Erstreckt sich die Fieberbewegung über mehrere Tage, so kommen die typhoiden Verlaufsformen zustande. Gerade in diesen Fällen sind die allgemeinen und Lokalsymptome gewöhnlich stärker als in den paroxysmalen. Ähnliche Erscheinungen bestehen auch bei den unregelmäßigen Fieberbewegungen, die das Intervall zwischen zwei Anfällen ausfüllen, und in leichterem Grade bei den oft wochenlang anhaltenden geringen täglichen Temperaturerhebungen, die den Ausgang der Krankheit begleiten.

Die pathogenetische Verschiedenheit dieser Verlaufsarten von den paroxysmalen und hochseptischen Formen ergibt sich ohne weiteres aus dem Parasitenbefund. Trotz langer Fieberperioden kommen die Erreger ebenso wie bei den Paroxysmen nur sporadisch an bestimmten Tagen im Blute vor und in der Endperiode gelingt ihr Nachweis durch Läuseversuche und Blutuntersuchungen nur ausnahmsweise. Es fehlt dementsprechend auch an den meisten Tagen die den eigentlichen Paroxysmus stets begleitende Leukozytose. Die hier auftretenden Krankheitserscheinungen müssen also anderen Ursprungs sein, als diejenigen, die bei dem Eintritt des Erregers in die Blutbahn infolge der Bildung der paroxysmalen Toxine entstehen, und die im wesentlichen mit den unspezifischen Wirkungen übereinstimmen, wie sie ganz allgemein bei parenteralem Abbau artfremden Eiweißes zustande kommen. Es handelt sich um Giftwirkungen seitens des erkrankten Organismus, die durch die Lebenstätigkeit des Erregers sowohl im Anschluß an seinen Einbruch und Zerfall in der Blutbahn als auch während seiner Fixation und Vermehrung in bestimmten Organen ausgelöst werden. Sie manifestieren sich daher vorzugsweise erst im Laufe der Erkrankung und überdauern die Anfälle mehr oder weniger lange. Die Symptome, die dabei zutage treten, entsprechen der besonderen Affinität des Erregers und seiner Gifte zu den verschiedenen Organen, so daß das Krankheitsbild erst dadurch seine charakteristischen Züge erhält.

Sehr verschieden ist aber auch hier wieder in individueller und zeitlicher Beziehung die Intensität der Giftwirkung, bezw. der Reaktionsfähigkeit des Organismus. Die Giftwirkung ist am geringsten bei den einfachen Paroxysmen, wohl deshalb, weil die heftige Allgemeinreaktion auch den größten spezifischen Schutz verleiht. Bei den in die Länge gezogenen Anfällen verflacht sich dagegen gewissermaßen die hochtoxische Reaktion des kurzen Paroxysmus, indem sie sich auf längere Zeiträume verteilt. Gerade dieser Zustand leichter, aber dauernder Schädigung verursacht jedoch die unangenehmen Krankheitserscheinungen dieser Fälle.

Den Fall stärkster Giftwirkung und intensivster Gegenreaktion des Organismus stellt das schwere typhoide Initialfieber dar, das schon in seinem klinischen Bilde von den gewöhnlichen Erscheinun.en des wolhynischen Fiebers erheblich abweicht. Lokale und allgemeine Erscheinungen sind hier aufs engste miteinander verbunden. Um so wirksamer ist aber auch der mit dem Erreger geführte Kampf. Die Erfahrung lehrt, daß gerade bei diesen Formen ein fast rezidivloser Verlauf die Regel ist, ebenso wie nach anfänglich schweren Paroxysmen die folgenden um so leichter verlaufen.

Zusammenfassend ersehen wir aus der pathogenetischen Betrachtung der verschiedenen Verlaufsarten, daß die Unterschiede im Krankheitsablauf lediglich auf die mannigfachen Wechselwirkungen zwischen Parasit und Wirtsorganismus zu beziehen sind. Die Auffassung, daß die von uns unterschiedenen Formen zu einer einheitlichen Erkrankung zusammenzufassen sind, erfährt dadurch eine weitere Stütze.

Epidemiologie.

Seitdem durch die ätiologische Forschung und die experimentelle Übertragung die Laus als der natürliche Überträger der Erkrankung erkannt ist, ist eine der wichtigsten Fragen für die Epidemiologie des wolhynischen Fiebers als gelöst zu betrachten. Es kann sich heute nur noch um eine Probe aufs Exempel handeln, wenn wir versuchen, die früheren, abweichenden und sich zum Teil widersprechenden Beobachtungen daraufhin zu prüfen, ob sie mit der Annahme der Übertragung durch Läuse vereinbar sind.

Die anfangs geäußerte Vermutung, daß das Auftreten oder die Häufung der Krankheitsfälle an Besonderheiten örtlicher Natur gebunden sei, hat sich sehr bald als unzutreffend erwiesen. Obwohl die Krankheit zunächst ebenso wie in Wolhynien auch anderwärts in sumpfigen Gegenden, z. B. an der Ikwa und an der Maas, angetroffen wurde, so zeigte sie sich doch sehr bald an anderen Teilen der Front auch in bergigen Gebieten und in Einzelfällen auch in Lazaretten. Ferner hat die Erfahrung gelehrt, daß eine ausgesprochene Abhängigkeit vom Klima und der Jahreszeit nicht besteht. Das wolhynische Fieber kommt ebenso auf den südlichen Kriegsschauplätzen, an der italienisch-österreichischen Front und in Mazedonien (Strauß), wie in Kurland und in Flandern vor und tritt überall in der gleichen Weise und mit denselben Verlaufsarten auf. Allerdings ist zuzugeben, daß die Krankheit im Winter häufiger ist als im Sommer. Wir wissen aber vom Fleckfieber, das bekanntlich ebenfalls durch Läuse übertragen wird, daß hieran nicht klimatische Faktoren schuld sind, sondern daß diese Erscheinung gerade als Beweis für die Theorie der Läuseübertragung zu deuten ist. Das engere Zusammenleben im Winter und eine durch Kälte und Nässe bedingte verminderte Reinlichkeit leisten während der kalten Wintermonate der Verlausung nur allzuleicht Vorschub. Die Häufung der Krankheitsfälle zu bestimmten Zeiten und an bestimmten Frontabschnitten steht aus dem gleichen Grunde im engsten Zusammenhang mit besonderen militärischen Kampfhandlungen. Während dieser Zeit ist die sorgsame Durchführung der notwendigen Körperpflege häufig einfach unmöglich. Besonders hoch waren daher die Krankenzahlen z. B. während der Verdunoffensive an der Maas im Frühjahr und Frühsommer 1916. Die große Epidemie in Wolhynien schloß sich an die Brussilowsche Offensive an, als in kurzer Zeit große Truppenmassen auf verhältnismäßig engem Raum zusammengezogen wurden und schließlich in unvorbereiteten Stellungen überwintern mußten. Bei dem begreiflichen Mangel an Bade- und Waschgelegenheit nahm in kurzer Zeit die Verlausung außerordentlich zu. Es zeigte sich hier aber auch umgekehrt sehr deutlich die Wirksamkeit der Entlausung

bei dem Rückgang der Erkrankungen. Ich konnte mich selbst davon
überzeugen, daß bei den Truppenteilen, die zuerst ausreichende
Entlausungsanstalten in Betrieb nehmen konnten, alsbald die Zahl
der Krankheitsfälle rapid zurückging, während bei den Nachbar-
regimentern, bei denen aus äußeren Gründen die hygienischen Ein-
richtungen erst später fertig wurden, die Krankenzahlen ganz oder
fast ganz dieselben blieben.

Der Übertragung der Erkrankung durch Läuse entspricht auch
die Beobachtung, die Stiefler und Lehndorf gemacht haben.
Stark verseuchte Regimenter verloren die Erkrankungen, als die
Truppen beim Stellungswechsel sorgfältig entlaust wurden, während
die Mannschaften der Ablösungsregimenter, die vorher gesund gewesen waren, bald nach dem Beziehen der frei gewordenen Stellungen, in denen die Unterstände etc. natürlich verlaust und daher
infektiös geblieben waren, in großer Zahl erkrankten.

Verfolgt man die Ausbreitung der Erkrankung bei bestimmten
Truppenteilen in einem begrenzten Zeitraum, so werden Gesetzmäßigkeiten deutlich, die alle mit der Annahme der Läuseübertragung
und nur mit dieser vereinbar sind. Besonders klar liegen die Verhältnisse aber nur dann, wenn man Gelegenheit hat, den Beginn einer
Epidemie zu beobachten. Unter Kriegsverhältnissen ist das nur
schwer möglich, weil die Truppenteile an einem bestimmten Front-
abschnitt und die Mannschaften sogar innerhalb eines relativ kleinen
Verbandes, z. B. einem Bataillon, aus Gründen des militärischen
Dienstes häufig und in kurzen Zwischenräumen wechseln. Die Infektion wird dadurch sehr bald weit herumgetragen und die natürliche Reihenfolge der Erkrankungen unübersichtlich. Sehr wertvoll
sind daher alle Mitteilungen, die sich auf den ersten Beginn einer
Epidemie unter stabilen äußeren Verhältnissen beziehen. So hatte
Strauß (Marburg) Gelegenheit, die ersten Erkrankungen, die in
Mazedonien überhaupt vorkamen, bei seinem Truppenteil zu beobachten, der während mehrerer Monate die Stellung nicht wechselte.
Es handelte sich im ganzen um 11 Krankheitsfälle, die in Abständen
von 14 Tagen bis 3 Wochen von Ende Februar bis Ende April 1917
auftraten. Von diesen hatten 9 in zwei eng beieinander liegenden Unterständen zusammen gewohnt; sie waren stark verlaust gewesen, ohne
die Möglichkeit zu haben, sich zu reinigen. Ferner erkrankte Anfang
April der Sanitätsunteroffizier, der die aufgenommenen Kranken im
Revier zu versorgen hatte, und ein Leutnant der Kompagnie, der
zwar nicht in der Stellung wohnte, aber bei seinem Aufenthalt dort
mit den Mannschaften in enge Beziehung kam. Sobald die Entlausung
durchgeführt war, blieben Neuerkrankungen aus, ohne daß noch
andere Maßnahmen zu ihrer Verhütung getroffen wurden. Wir sehen
hier also eine deutliche Gruppenbildung der Infektionen und
enge Begrenzung auf bestimmte Wohngemeinschaften.

Ganz dieselben Beobachtungen machte auch Curt Kayser in einem Lager, in das die Erkrankung durch Flüchtlinge aus Wolhynien eingeschleppt war und Linden bei Erkrankungen an wolhynischem Fieber in der polnischen Zivilbevölkerung.

Der Beginn einer Epidemie des wolhynischen Fiebers zeigt also eine vollkommene Übereinstimmung mit der Verbreitung des Fleckfiebers, wie es in vom Verkehr mit der Umgebung abgeschlossenen Gefangenenlagern auftrat. Charakteristischerweise zeigt aber gerade die kleine mazedonische Epidemie auch die weiteren Wege, die die Erkrankung naturgemäß nehmen muß, wenn sie durch Läuse übertragen wird. Überall, wo ein Kontakt mit der Außenwelt besteht, können sich neue Infektionen anschließen. Die Erkrankungen des Sanitätsunteroffiziers ist dafür ein deutliches Beispiel. Gerade die vorderen Sanitätsanstalten, in denen bei großem Kranken- und Verwundetenzustrom die Durchführung gründlicher Entlausung auf Schwierigkeiten stößt, haben sich uns in vielen Fällen als die Quelle neuer Infektionen erwiesen, die dann wieder von den Frischerkrankten weiter rückwärts in die Etappenlazarette eingeschleppt wurden.

Versucht man dem Gang der Epidemie, wenn sie sich bereits weiter ausgebreitet hat, im einzelnen zu folgen, so stößt man auf die größten Schwierigkeiten. Bei der Truppe selbst fällt schon der häufige Wechsel der Mannschaften und der Quartiere sehr erschwerend ins Gewicht, weil dadurch zunächst Zusammengehörige alsbald zerstreut werden. Die Schwierigkeiten wachsen aber noch weiter angesichts der zuweilen viele Wochen dauernden Inkubation der Krankheit, wodurch die Auffindung der eigentlichen Infektionsquelle unmöglich wird. Als wichtiges störendes Moment ist ferner die große Variabilität der Krankheitsformen zu erwähnen. Infolgedessen werden zweifellos anfangs sehr viele Fälle übersehen oder als andere Erkrankungen aufgefaßt und unter entsprechenden Bezeichnungen den rückwärtigen Lazaretten zugeführt.

Es ist aber klar, daß die Rolle der Laus als Überträger der Krankheit, wenn sie schon einmal die Truppen befallen hat, nicht einwandfreier zutage treten kann, als durch die Tatsache, daß die Ausbreitung eben hier bei nicht genügender Entlausung eine außerordentlich große werden kann. Ein richtiges Urteil über die wahre Verbreitung bekommt man jedoch nur dann, wenn alle hierher gehörigen Krankheitsformen als solche erkannt werden. Es ist deshalb von der größten Wichtigkeit, daß gerade die kleine mazedonische Epidemie mit der Deutlichkeit eines Experimentes zeigt, wie variabel die Krankheitsform bei unmittelbar auseinander entstehenden Erkrankungen sein kann. Von den 11 Krankheitsfällen verliefen 5 paroxysmal, 4 typhoid und 2 rudimentär. Je größer das Krankenmaterial ist, das man zu verfolgen Gelegenheit hat, desto mehr kann man sich davon überzeugen, daß die Mehrzahl aller Erkrankungen überhaupt oder während langer Zeit rudimentär verläuft. Ich selbst konnte bei Läuseuntersuchungen in verseuchten Truppenteilen etwa in 80 % der Fälle positive Rickettsienbefunde erheben. Die Nachforschungen bei den betreffenden Mannschaften und Offizieren ergaben dementsprechend, daß beinahe alle einmal während der letzten Zeit gelegentlich an Fieberanfällen und an Schienbein- und anderen zum Bilde der Febris wolhynica gehörigen Schmerzen litten, ohne daß etwa viele von ihnen den Arzt aufgesucht hatten. Damit decken sich vollkommen die Mitteilungen von Fleck, der geradezu von „Schienbeinkrankheit ohne Fieber", und von Kolb, der von Temperatursteigerungen ohne wesentliche subjektive und objektive Symptome spricht. Die Krankheitsbilder, die sie beschreiben, entsprechen in jeder Weise dem Symptomenkomplex der Febris wolhynica. Wie sie zeitlich mit ausgesprochenen Fällen zusammen auftraten, verschwanden sie schließlich auch mit diesen.

Es ist offensichtlich, daß bei dieser Sachlage die Epidemiologie der Erkrankung auf Grund einer Statistik aus dem Material eines weit zurückliegenden Etappenlazarettes in ganz falschem Lichte erscheinen muß, zumal wenn man bedenkt, daß nur die schweren Fälle überhaupt in Lazarettbehandlung kommen und diese sich noch auf sehr verschiedene Lazarette verteilen. Daher sind z. B. die von Munk angegebenen Zahlen, nach denen er auf eine ganz regellose Verteilung der Erkrankung in Einzelfällen bei den verschiedensten Truppenteilen schließt und die Läuseübertragung bezweifeln zu können meint, nicht maßgebend. Sie können ebensowenig die Wichtigkeit der Läuse für die Verbreitung widerlegen, wie die Angabe, die man gelegentlich von einem oder dem anderen Kranken bekommt, daß er vor seiner Erkrankung niemals Läuse an sich bemerkt habe, an sich verlässlich ist. Wie belanglos derartige negative Feststellungen angesichts der vielen positiven sind, haben ja am deutlichsten ganz entsprechende Beobachtungen beim Fleckfieber gezeigt, die doch auch niemals Anlaß geben könnten, die in jeder Beziehung fest begründete Tatsache der Läuseübertragung dieser Krankheit zu erschüttern.

Wenn man aber ein sehr großes Krankenmaterial nach seiner Zugehörigkeit zu verschiedenen Truppenteilen in einem längeren Zeitraum zahlenmäßig verfolgt, so kann man trotz der vielen oben erwähnten Fehlerquellen, mit denen solche Berechnungen behaftet sind, doch noch an der Hand der Lazarettstatistik deutlich die gruppenweise Häufung der Erkrankung in bestimmten Regimentern und zu bestimmten Zeiten feststellen.

In den folgenden Tabellen sind von 3 Divisionen alle wegen wolhynischen Fiebers den Lazaretten in Be. und Bi. zugegangenen Personen nach Regimentern geordnet und nach dem Zeitpunkt ihrer Aufnahme ins Lazarett verzeichnet. Es ergibt sich ohne weiteres, daß die Infanterieregimenter eine ganz besonders hohe Morbidität aufweisen, während bei anderen Truppenteilen nur ganz wenige Fälle vorkommen. Die Krankheitsfälle, die in verschiedenen Kompanien 4—6 Wochen nach dem Einrücken in die betreffenden Stellungen, zunächst vereinzelt auftreten, zeigen allmählich eine erhebliche Vermehrung. Die Truppen waren ursprünglich auf einem anderen Kriegsschauplatz gewesen, ohne daß Erkrankungen an wolhynischem Fieber beobachtet worden waren. Sie übernahmen dann Stellungen einer Division, in der F. W. sehr gehäuft aufgetreten war. Es läßt sich hier also auch die Genese der Epidemie selbst verfolgen.

Die gruppenweise Häufung der Krankheitsfälle ist demnach deutlich zu erkennen.

Aus der Statistik geht aber des weiteren noch die durch die allgemeine Erfahrung längst bestätigte Tatsache hervor, daß die überwiegende Menge der Erkrankungen die Infanterie stellt. Bei der Artillerie und noch viel mehr bei gewissen Spezialtruppen, soweit sie nicht genau wie die Infanterie in Grabenstellungen untergebracht sind, finden sich fast stets nur Einzelfälle und auch bei diesen läßt

x. Division.

1916.	Iuf.-Rgt. a	M.-W.	St.-A.	F. A.-Rgt. b	F.-A. c	Inf.-Rgt. e	Inf.-Rgt. f
1.—15. XI.	—	—	—	—	—	—	—
16.—30. XI.	—	—	—	—	—	—	—
1.—15. XII.	1	—	—	—	—	—	—
16.—31. XII.	1	—	—	—	—	—	—
1917.							
1.—15. I.	1	—	—	—	—	—	—
16.—31. I.	2	—	—	—	—	—	—
1.—15. II.	6	—	—	—	—	—	—
16.—28. II.	10	—	—	—	—	4	1
1.—15. III.	21	1	1	—	—	3	8
16—31. III.	26	3	1	—	—	1	—
1.—15. IV.	26	3	—	1	1	1	—
16.—30. IV.	33	4	—	—	2	4	1

x. Division.　Inf.Rgt. a.

Komp.	1.	2	3.	4.	5.	6.	7.	8.	9.	10.	11.	12.	M G.K.
1.—15. XII.	1	—	—	—	—	—	—	—	—	—	—	—	—
16.—31. XII.	1	—	—	—	—	—	—	—	—	—	—	—	—
1.—15. I.	—	—	—	—	—	1	—	—	—	—	—	—	—
16.—31. I.	—	—	—	1	—	1	—	—	—	—	—	—	—
1.—15. II.	—	—	—	2	—	2	2	—	—	—	—	—	—
16.—28. II.	1	1	—	3	1	—	—	1	2	—	—	1	—
1.—15. III.	7	3	—	4	—	—	3	2	2	1	—	—	—
16.—31. III.	7	7	2	3	—	2	—	1	2	—	1	1	—
1.—15. IV.	5	4	3	2	2	2	2	2	1	2	—	1	—
16.—30. IV.	12	5	1	6	—	—	1	2	2	4	—	—	—

y. Division.

	Inf.Rgt.	Inf.Rgt.	Inf.Rgt.	M.W.	F.A.	F.A.	Art.M.K.	Pi.
1916	g	h	i		k	l	m	n
1.—15. XI.	2	2	—	—	—	—	1	1
16.—30. XI.	2	—	—	—	—	—	—	—
1.—15. XII.	3	1	2	—	—	—	—	—
16.—31. XII.	2	1	2	1	1	1	1	—
1917 1.—15. I.	2	—	2	—	1	—	—	—
16.—31. I.	—	1	2	—	—	—	—	1
1.—15. II.	3	3	1	—	—	—	—	—
16.—28 II.	5	5	1	—	—	—	2	—
1.—15 III.	1	4	—	—	—	—	—	—
16.—31. III.	6	8	3	1	3	—	—	1
1.—15. IV.	2	13	5	—	1	—	1	—
16.—30. IV.	3	14	4	—	—	—	—	2

y. Division. Inf.Rgt. h.

Komp.	1.	2.	3.	4.	5.	6.	7.	8.	9.	10.	11.	12.	M.G.K.
1917													
16—31. I.	—	—	—	—	—	—	—	1	—	—	—	—	—
1.—15. II.	—	1	—	—	—	—	—	1	—	—	—	1	—
16.—28. II.	—	1	2	—	—	—	—	1	—	1	—		—
1.—15. III.	—	1	1	—	—	—	—	1	—		—	1	—
16.—31. III.	—	1	2	—	—	—	—	4	—	1	—	—	—
1.—15. IV.	—	—	3	—	2	—	—	7	1	—	—	—	—
16.—30. IV	—	1	2	—	1	—	2	5	1	1	—	1	—

z. Division.

	Inf Rgt. o	Inf.Rgt. p	Inf Rgt. q	Pi.	F.A. r	F.A. s
1.—15. XI.	—	—	—	—	—	—
16.—30. XI.	—	—	—	—	—	—
1.—15. XII.	1	—	—	—	—	—
16.—31. XII.	2	—	—	—	1	—
1.—15. I.	4	4	—	—	—	—
16.—31 I.	1	1	14	—	—	1
1.—15. II.	1	3	19	—	—	—
16.—28. II.	—	—	4	—	—	—
1.—15. III.	1	1	3	—	—	—
16.—31. III.	—	6	7	—	—	—
1.—15. IV.	—	7	4	3	—	—
16.—30. IV.	—	6	19	—	—	—

z. Division. Inf.Rgt. q.

Komp.	1	2.	3.	4	5	6.	7.	8.	9.	10.	11.	12.	M G K.
16.—31. I.	—	2	1	—	3	—	2	1	1	3	—	—	1
1.- 15. II.	4	—	3	—	4	1	2	1	1	—	2	—	1
16 —28. II.	—	—	1	—	1	—	1	—	1	—	—	—	—
1. 15. III.	—	1	—	—	1	—	—	—	—	—	—	1	—
16 —31. III.	—	—	1	—	3	—	2	1	—	—	—	—	—
1.—15. IV.	—	—	2	—	1	—	1	—	—	—	—	—	—
16.—30. IV.	1	—	3	—	6	—	4	1	2	—	—	1	1

sich zuweilen noch ein Konnex mit den Frontsoldaten nachweisen
(z. B. bei Erkrankungen von Artilleriebeobachtern, Ordonnanzen etc.).
Diese ungleiche Verteilung ist ebenfalls ein Beweis für die Annahme
der Läuseübertragung. Die Infanterie ist sowohl der Verlausung an
sich am meisten ausgesetzt, als auch am schwierigsten in der Lage,
für sofortige und ausreichende Abhilfe zu sorgen. Bei Offizieren ist
die Erkrankung nicht häufig; wenn sie auftritt, erkranken nur die
unteren Chargen (Leutnants und Hauptleute), die während ihres Auf-
enthaltes in den Stellungen mit den Mannschaften in direkte Berührung kommen. Von den Ärzten sind bei der Truppe und auf den
Sammelstellen ziemlich viele erkrankt, weil sie mit den verlausten
Kranken beruflich zu tun haben, ohne sich genügend schützen zu
können. In der Etappe ist der Infektion am meisten ausgesetzt das
untere Sanitätspersonal, das den An- und Abtransport der Kranken
und ihre Entlausung zu besorgen hat, ferner aus dem gleichen Grunde
gelegentlich das Aufsichtspersonal der Gefangenenlager.

Sprechen also alle diese Tatsachen unwiderleglich für die Entstehung und Verbreitung der Erkrankung durch Läuse, so muß
andererseits auch das Erlöschen der Epidemie mit der Durchführung wirksamer Entlausung Hand in Hand gehen. Wir haben
schon erwähnt, daß wir in der Tat bei einzelnen Truppenteilen diese
Erfahrung machen konnten. Bei einigen muß auch wohl eine mehr
oder weniger vollständige Durchseuchung vorgelegen haben, die
den Rückgang der Erkrankungen veranlaßte. Wer das Grabenleben
kennt, weiß wie schwer es ist, eine Truppe wirklich läusefrei zu
bekommen und zu halten. Gelegenheit zur Infektion muß also praktisch trotzdem noch häufig genug vorhanden sein. Das völlige Verschwinden der Erkrankung an weiten Abschnitten der Front, das
wir z. B. in Wolhynien seit dem Sommer 1917 beobachten konnten,

ist daher restlos mit der Läusevertilgung wohl kaum zu erklären. Welche Ursachen aber dabei eine Rolle spielen, entzieht sich heute ebenso unserer Kenntnis, wie auch bei anderen Infektionskrankheiten, deren Ätiologie und Epidemiologie uns gut bekannt ist, die letzten Gründe ihrer epidemischen Verbreitung und ihres Aussterbens verborgen sind.

Ob neben der Übertragung der Erkrankung durch Läuse noch auf andere Weise Neuinfektionen zustande kommen können, ist sehr unwahrscheinlich. Bestimmte klinische Anhaltspunkte bestehen hierfür nicht. Sicher ist jedenfalls, daß Flöhe und Wanzen die Erkrankungen ebenso wenig weitertragen wie Stechmücken. Die gegenteiligen Vermutungen mancher Autoren (z. B. Kayser und Enderle) können der Kritik nicht standhalten Wenn z. B. Enderle angibt, daß in einem sicher läusefreien Zimmer, in dem aber Stechmücken vorhanden waren, ein Kranker, der hier zu einem Wolhyniker hinzugelegt wurde, nach 3 Tagen ebenfalls an wolhynischem Fieber erkrankte, so schließt nach allem, was wir wissen, die Kürze der Inkubationszeit schon die Möglichkeit einer Übertragung durch diese Mücken aus. Der Kranke war offenbar schon infiziert und die Krankheit kam zufällig erst im Anschluß an seine Verlegung zum Ausbruch.

Die Angabe Rocha-Limas, daß auch der Urin der Kranken infektiös ist, weil sich mit Wahrscheinlichkeit Meerschweinchen mit Urin von Wolhynikern infizieren ließen, ist durch klinische Erfahrungen am Menschen bisher nicht zu bestätigen. Ich selbst habe ebenso wie andere niemals ohne Läuseinfektion in Lazaretten Neuinfektionen auftreten sehen.

Differentialdiagnose.

Bei der Diagnose des wolhynischen Fiebers sind wir auch heute noch in der Mehrzahl der Fälle, da der Läuseversuch, durch den der Nachweis der Rickettsia geführt werden könnte, für die Praxis im allgemeinen nicht in Frage kommen dürfte, auf die klinische Beobachtung angewiesen. Handelt es sich um voll ausgebildete Erkrankungen, in denen alle charakteristischen Erscheinungen nebeneinander vorhanden sind, so erwachsen der Erkennung kaum Schwierigkeiten. Dagegen ist es im Beginn während eines Fieberparoxysmus, wenn nicht die anamnestischen Angaben die Aufmerksamkeit auf schon überstandene ähnliche Attacken hinlenken, oder während eines länger dauernden Initialfiebers kaum möglich, die Krankheit aus den bestehenden Symptomen mit Sicherheit zu diagnostizieren. Allerdings wird gewöhnlich nach einigen Tagen der Kreis der in Betracht kommenden Infektionen schon enger, wenn man die dann meist nachweisbar werdende Milz- und Leberschwellung gebührend bewertet.

Da wir besonders im Kriege bei dem Auftreten von Infektions-krankheiten immer mit gehäuftem Vorkommen ein- und derselben Infektion zu rechnen haben, wird man alsbald die epidemiologischen Verhältnisse in Betracht ziehen und während einer Epidemie von wolhynischem Fieber in erster Linie hieran, während einer Rekurrensepidemie zunächst an Rekurrens, bei besonderer Fleckfiebergefahr an Fleckfieber, bei Typhusgefahr an Typhus, im Sommer, in malariaverseuchter Umgebung, an Malaria denken müssen. Ist man zunächst nicht zu einer Entscheidung gekommen, so ist eine weitere Beobachtung des Kranken unbedingt erforderlich. Bleiben nach anfänglicher Entfieberung noch objektiv nachweisbare Veränderungen an den inneren Organen, besonders eine Vergrößerung der Milz und Leber oder bestimmt lokalisierte Schmerzen zurück, so ist mit Sicherheit anzunehmen, daß in kurzer Zeit neue Fieberschübe zu erwarten sind. Nichts ist verkehrter, als beim Vorhandensein derartiger Symptome sich mit der gänzlich unbegründeten Diagnose einer Influenza oder Grippe zu begnügen und den Kranken gleich nach der Entfieberung zu entlassen. Der nachbehandelnde Arzt sieht sich dann sofort den gleichen Schwierigkeiten gegenüber wie der erste. Dem Kranken geschieht unrecht, weil seine Beschwerden allzuleicht verkannt werden und seine Umgebung wird gefährdet, wenn er trotz noch vorhandener Infektion zur Truppe zurückkehrt.

Die paroxysmale Verlaufsform kann am leichtesten zu Verwechselungen mit der Malaria Anlaß geben. Ausschlaggebend für die Diagnose ist das Ergebnis der Blutuntersuchung, durch die wenigstens in frischen Fällen bei der Malaria stets der Nachweis der Plasmodien zu erbringen ist. Ist eine Blutuntersuchung aus äußeren Gründen nicht ausführbar, so gibt der klinische Befund im allgemeinen stets genügende Unterscheidungsmerkmale. Die Krankheitserscheinungen sind bei der Malaria heftiger, der Schüttelfrost setzt plötzlich ein, geht mit stärkster Beklemmung und Angstgefühl einher, der Fieberanstieg ist steiler und höher als beim wolhynischen Fieber, auch der Fieberabfall ist brüsker und von stärkerem Schweißausbruch begleitet. Bei ein- oder zweistündlicher Temperaturmessung erhält man bei der Malaria die charakteristische hohe spitze Kurve, beim wolhynischen Fieber die breitbasige Erhebung mit stumpfem Gipfel (vgl. Abb. 2 u. 3). Auch die Harnuntersuchung ist zur Unterscheidung heranzuziehen. Der Blutzerfall im Malariaparoxysmus führt zu starker Urobilinurie, die beim Wolhyniker nie vorhanden ist. Bei längerer Beobachtung ist vor allem die Dauer des Intervalles zwischen zwei Anfällen geeignet, die Diagnose zu klären. Ein fünftägiger oder längerer Fieberturnus spricht fast mit Sicherheit für Febris wolhynica. Bei kürzeren Intervallen kann auch jetzt noch Zweifel obwalten. Es ist daran zu erinnern, daß gelegentlich auch beim wolhynischen Fieber quotidiane und tertiane Fieberformen vorkommen können. In solchen Fällen ist bei längerem Lazarettaufenthalt aber wohl stets eine Blutuntersuchung ausführbar. Eventuell ist, auch ohne das Resultat abzuwarten, die Chinintherapie zu beginnen. Es wird dann möglich sein, alsbald ex juvantibus die Diagnose zu stellen. Bei der Malaria bleiben die späteren Fieberanfälle aus, beim wolhynischen Fieber wird der Temperaturverlauf nicht beeinflußt. Es gelingt auf diese Weise auch **Kombinationen beider Erkrankungen** zu erkennen, die im Sommer bei gleichzeitig vorhandener Infektionsmöglichkeit nicht selten vorkommen können. Handelt es sich um einen nach langem, fieberfreiem Intervall auftretenden vereinzelten Paroxysmus, so ist ohne Kenntnis der voraufgegangenen Symptome eine Entscheidung ebenso schwierig wie im Anfang der Erkrankung, zumal in solchen Fällen auch bei der Malaria der Parasitennachweis schwieriger gelingt. Aber auch dann wird sich durch eingehende anamnestische Erhebungen doch recht bald unter Berücksichtigung des augenblicklichen Befundes (größerer und härterer Milztumor bei der Malaria, charakteristische Schmerzen bei der Wolhynika, Berücksichtiguug des Blutbefundes) die richtige Diagnose stellen lassen.

Die **Unterscheidung von einem Rekurrensanfall** ermöglicht ebenfalls die Blutuntersuchung mit Leichtigkeit. Der Nachweis der Rekurrensspirochäten ist bei den in diesem Kriege beobachteten Epidemien fast ausnahmslos bei allen Kranken gelungen (P r ü s s i a n, F. M e y e r , F i n g e r). Der Rekurrensanfall geht fast immer mit bedeutend stürmischeren Krankheitserscheinungen einher, als der Paroxysmus des wolhynischen Fiebers. Leichte atypische Fälle, die zu Verwechselung Anlaß geben könnten, sind außerordentlich selten und kommen nur neben ausgebildeten schweren Erkrankungen zur Beobachtung. Die Temperatur steigt gewöhnlich über 40⁰, was beim wolhynischen Fieber schon eine seltene Ausnahme ist. Der Anfall selbst erstreckt sich in anhaltender Kontinua über 5–6 Tage hin, ohne daß währenddessen so häufig wie beim wolhynischen Fieber größere Schwankungen der Körpertemperatur vorkommen. Nach dem Anfall bleibt ein viel stärkeres Krankheitsgefühl zurück, als es der Wolhyniker zeigt, die Hautfarbe bekommt das charakteristische Kolorit des sonnenverbrannten Anämischen. Der weitere Verlauf erleichtert noch mehr die Unterscheidung zwischen beiden Erkrankungen; das Intervall der Rekurrensanfälle beträgt meistens 7–12 Tage, die Zahl der Anfälle ist bedeutend geringer. Sogar ohne die spezifisch wirkende Salvarsanbehandlung, die beim Wolhyniker ebenfalls versagt, erschöpft sich die Infektion in der Regel schon nach 2—3 Anfällen. Epidemiologische, klinische und ätiologische Tatsachen zeigen also, wie auch W e r n e r hervorgehoben hat, in gleicher Weise die Haltlosigkeit der Auffassung J. K o c h s, der für die Identität des wolhynischen Fiebers und der Rekurrens eingetreten ist.

Viel größeren Schwierigkeiten begegnet die Erkennung der typhoiden und rudimentären Verlaufsformen des wolhynischen Fiebers. Die Form der Fieberkurve tritt hier als diagnostisches Merkmal ganz zurück, wenn man nur einen kurzen Ausschnitt aus dem langen Verlauf der Krankheit vor sich hat. Gerade in diesen Fällen ist, wenn sonst nicht eine diagnostische Entscheidung getroffen werden konnte, eine längere Beobachtungszeit erforderlich, um die Periodizität der Krankheitserscheinungen zu erkennen, die das Hauptcharakteristikum des wolhynischen Fiebers ist.

Eine Verwechslungsmöglichkeit besteht vor allem mit dem Typhus und Paratyphus. Ich habe seinerzeit zuerst darauf hingewiesen, daß sehr zahlreiche Fälle im Osten und Westen lange Zeit als Typhen angesprochen worden sind, die wir nach unseren heutigen Erfahrungen mit Sicherheit dem wolhynischen Fieber zurechnen können. Fleischmann, Goldscheider, Mayer, Schittenhelm, von Hößlin u. a. haben sich später im selben Sinne ausgesprochen. Diese Verwechslungen waren anfangs im wesentlichen veranlaßt durch die ungenügende Kenntnis des wolhynischen Fiebers, dessen von der paroxysmalen Form abweichende Verlaufsarten unbekannt waren. Es kam hinzu, daß man allerorts neben den klassischen Typhusfällen in der Tat zahlreiche Abweichungen im Krankheitsverlauf beobachtete, seitdem die Typhusschutzimpfung durchgeführt worden war. Hervorgehoben wurde besonders die große Zahl abnorm leichter Erkrankungen (Hirsch, v. Krehl, Einstein, Magnus Alsleben, Jacob u. a.) und die Häufigkeit der Rezidive. Die Diagnose stützte sich vielfach lediglich auf die klinische Untersuchung, sie galt als begründet, wenn ein Milztumor und ein mehrtägiges, durch einen anderen Organbefund nicht zu erklärendes Fieber vorlag. Bei der Benutzung der bakteriologischen und serologischen Methoden wurde überall gefunden, daß gegenüber den Friedenserfahrungen der Bazillennachweis im Blut und Stuhl weit seltener gelang. Die Widalsche Reaktion schien ganz besonders durch die Schutzimpfungen an Wert verloren zu haben.

Solange es sich um Erkrankungen handelte, die zu der gleichen Zeit und in derselben Umgebung entstanden, in der auch schwere Typhusfälle auftraten, die sich übrigens sehr häufig auch trotz vorausgegangener Impfung in nichts von dem altbekannten Bilde des Typhus unterschieden, war gegen die Typhusdiagnose auch bei den leichten Erkrankungen gewiß nichts einzuwenden. Die Erfahrungen früherer Typhusepidemien, besonders im Kriege 1870/71 hatten das Gleiche gelehrt. Wenn auch selten, so gelang es doch bei häufiger Untersuchung gelegentlich auch bei sehr leicht fieberhaften Fällen im Blut und Stuhl Typhusbazillen zu finden und dadurch die Ätiologie sicherzustellen. Bei Übersicht eines größeren Materials beobachtete man schließlich doch noch gelegentlich die typischen Komplikationen

wie Darmblutungen oder Abszeßbildungen, bei denen dann Typhusbazillen gefunden wurden, u. a., die die Diagnose retrospektiv be-
stätigten.

Ganz hypothetisch und nach unserer heutigen Auffassung unrichtig wurde aber die Typhusdiagnose, als man schließlich auch
die wichtigste Grundlage, den Nachweis des epidemiologischen Zu-
sammenhanges dieser leichten Erkrankungen mit echten Typhusfällen
außer Acht ließ. So kam es, daß z. B. in unserer Armee unter vielen
Hunderten von sogenannten Typhusfällen keine einzige schwere Erkrankung mehr vorkam, daß Typhusbazillen nie mehr nachgewiesen
werden konnten, und daß auch die in diesem Kriege bei allen wirk-
lichen Typhusepidemien zutage getretene streng gesetzmäßige Abhängigkeit der Typhushäufigkeit von der Jahreszeit ganz fehlte. Aus
den Berichten anderer Autoren (z. B. Queckenstedt) und meinen
persönlichen Erfahrungen auf anderen Kriegsschauplätzen geht ähnliches hervor. Nicht nur der Verlauf, auch die übrigen Symptome
des Typhus sollten sich in einer Weise geändert haben, die allen
früheren Erfahrungen widersprach. Es fehlten die Darmerscheinungen,
die Bronchitis, die Roseolen, die relative Pulsverlangsamung, die Diazoreaktion, die Leukopenie, schließlich auch trotz Impfung die Widalsche Reaktion. Statt dessen standen sogenannte rheumatische Beschwerden, Knochenschmerzen, psychische Depressionen u. a. nervöse
Symptome im Vordergrund. Die Dauer der Erkrankung betrug nicht
Wochen, sondern Monate. Diente als Erklärung für alle diese Änderungen des Krankheitsbildes die vorausgegangene Schutzimpfung, so
war es um so auffallender, als schließlich auch ganz ähnlich verlaufende und bedingte Erkrankungen als Paratyphus (Stephan)
angesehen wurden, obwohl hier keine Schutzimpfung vorgelegen hatte.

Nach den in dieser Arbeit wiedergegebenen klinischen, epidemiologischen und ätiologischen Untersuchungen wissen wir aber, daß
dieselben Krankheitsformen, die hier ohne entsprechende Begründung
zur Typhusgruppe hinzugerechnet wurden, zum Krankheitsbilde des
wolhynischen Fiebers gehören. Zweifellos können der differentiellen
Diagnose hier große Schwierigkeiten erwachsen, sie lassen sich aber
vermeiden oder lösen, wenn man den Boden der gesicherten Tatsachen
weder nach der einen noch der anderen Seite verläßt. Von größter
Wichtigkeit ist die Berücksichtigung der epidemiologischen Verhältnisse. Nur neben schweren auch heute und trotz Schutzimpfung
noch leicht bakteriologisch zu identifizierenden Typhus- und Para-
typhuserkrankungen wird man mit dem Auftreten leichter und
leichtester Fälle zu rechnen haben, deren Ursprung aus einer oder
verschiedenen Infektionsquellen sich erweisen läßt. Auch bei atypischen
Fällen gelingt in einem gewissen Prozentsatz der Bazillennachweis
(F. Meyer). Die Widalsche Reaktion ist positiv oder sie zeigt
im Verlauf der Erkrankung ansteigenden Titer. Der Fiebertypus

des Typhus und der typhösen Form des Paratyphus ist die langdauernde Kontinua, die bei leichten Erkrankungen zwar tiefer liegt,
aber nur selten fehlt. Rezidive sind häufig, aber nicht die Regel.
Ihre Zahl ist meist nicht sehr groß und die Intervalle zwischen
den Relapsen sind unregelmäßig. Darmerscheinungen, Bronchitis,
Roseolen, relative Pulsverlangsamung kommen auch bei leichten Fällen
vor. Der Milztumor ist lange Zeit hindurch dauernd nachweisbar.
Eine positive Diazoreaktion ist stets ein zuverlässiges Kriterium.
Die Blutuntersuchung ergibt Leukopenie mit relativer Lymphozytose.

Ebenso hat man bei der Diagnose einer typhoiden Form
des wolhynischen Fiebers den epidemiologischen Zusammenhang mit anderen Erkrankungen zu berücksichtigen. Paroxysmale und
rudimentäre Formen laufen nebenher; bei längerer Beobachtung ändert
sich der Fieberverlauf auch im Einzelfall im einen oder anderen
Sinne. Auch bei den langdauernden Fieberperioden lassen sich die
eigentlichen „Anfälle" gewöhnlich herauserkennen. Der Grundcharakter
der Kurve ist nicht die Kontinua, sondern ein unregelmäßiger Verlauf
innerhalb der einzelnen wellenförmigen Fieberperioden. Die Zahl der
Rezidive ist groß, der Abstand mehr oder weniger regelmäßig. Von
den klinischen Symptomen sind besonders wichtig die Leberschwellung
und der nur periodisch nachweisbare Milztumor. Die Diazoreaktion
ist niemals positiv, die Blutuntersuchung ergibt neutrophile Leukozytose, eventuell mit buntem Blutbilde. Die Widalsche Reaktion ist
negativ oder ihr Titer sinkt im Verlauf der Erkrankungen. Ausschlaggebend sind langanhaltende, periodisch in ihrer Intensität
wechselnde symmetrische Beinschmerzen im oben besprochenen Sinne,
besonders wenn gleichzeitig typische Sensibilitätsstörungen bestehen.
Mehr noch als bei den leichter kenntlichen paroxysmalen Formen wird
man hier die Gesamtheit aller Symptome für die Diagnose
in Rechnung ziehen müssen, wenn man Irrtümer vermeiden und
nicht in den umgekehrten Fehler verfallen will, die Diagnose wolhynisches Fieber zu häufig zu stellen. Ganz besonders gilt das,
wenn es sich um die Diagnose einzelner Krankheitsfälle handelt,
bei denen das Hilfsmittel der epidemiologischen Wahrscheinlichkeit
fortfällt.

Besondere Vorsicht in der Diagnostik hat auch obzuwalten, wenn
gleichzeitig bei einem und demselben Truppenteil Typhus oder Paratyphus und wolhynisches Fieber vorkommt und Kombinationen
beider Erkrankungen nicht der Aufmerksamkeit entgehen sollen.
Hier ist vor allem gründlichste klinische und bakteriologische Durcharbeitung der Fälle erforderlich, aber auch vor einer Überschätzung
bakteriologischer Befunde zu warnen. Gelegentliche Befunde von
Typhus- und besonders von Paratyphusbazillen im Stuhl sagen an sich
noch nichts aus über den Charakter der vorliegenden Erkrankung,

wenn nicht die klinischen Erscheinungen in ihrer Gesamtheit mit dem Bilde des Typhus oder Paratyphus übereinstimmen[1]).

Bei der Diagnose der rudimentären Erkrankungen kommt vor allem die Abgrenzung gegenüber allgemeiner nervöser Erschöpfung und rheumatischen Erkrankungen in Frage. Die Kranken selbst machen vielfach so unbestimmte Angaben oder sie stellen ein an sich belangloses Symptom, Magenbeschwerden, Herzklopfen, Schmerzen in den Armen und Beinen, verminderte geistige und körperliche Leistungsfähigkeit, so in den Vordergrund, daß zunächst gar nicht der Verdacht einer infektiösen Erkrankung auftaucht. Um so wichtiger ist dann, wenn an sich nach Lage der Dinge mit dem Vorkommen von wolhynischem Fieber zu rechnen ist, eine eingehende körperliche Untersuchung. Stößt man dabei auf das Vorhandensein einer Milz-schwellung, so ist damit allein schon ein Krankheitszeichen gegeben, dessen Genese jedesmal unbedingt aufzuklären ist. Eine kurz, vorausgegangene Impfung wird man kaum dafür verantwortlich machen dürfen, nachdem die Existenz einer sogenannten Impfmilz im Anschluß an die Typhusschutzimpfung nach den neuen Untersuchungen von Kämmerer, Mayer u. a. im Gegensatz zu den Angaben von Goldscheider und Hirsch doch wieder zweifelhaft geworden ist. Ich selbst habe mich auch niemals von ihrem Vorhandensein überzeugen können. Bei klinischer Beobachtung wird sich die Natur des Leidens gewöhnlich rasch aufklären lassen. Periodisch wiederkehrende Fiebersteigerungen, die mit Verschlimmerung sämtlicher Beschwerden einhergehen, wobei gelegentlich auch eine Leberschwellung zutage tritt, die dann nicht mit Cholezystitis oder Appendizitis verwechselt werden darf, sichern im allgemeinen sofort die Diagnose, besonders wenn im Verlaufe der Beobachtung charakteristische Beinschmerzen und Schmerzen in anderen Muskelgebieten

---

[1]) Ich habe z. B. wiederholt beobachtet, daß nicht nur im Stuhl, sondern auch im Blut und in Leichenorganen Typhus- oder Paratyphusbazillen gefunden wurden, ohne daß klinisch und anatomisch eine Typhus- oder Paratyphuserkrankung vorlag. Daher möchte ich auch glauben, daß es sich in den von F. Meyer und A. Meyer mitgeteilten Fällen von periodischem Fieber höchstens um Kombinationen von F. W. mit Typhus bzw. Paratyphus gehandelt hat. Jedenfalls scheint mir die auch von Öller aufgestellte Hypothese ganz unhaltbar, nach der das wolhynische Fieber keine Krankheit sui generis sei, sondern die periodische Fieberbewegung nur dem jeweils verschiedenen Grad der Immunisierung besonders bei Schutzgeimpften entspräche. Man mag hierin vielleicht eine Deutung des verschiedenen Fieberverlaufs des Typhus oder Paratyphus sehen, eine Erklärung des wolhynischen Fiebers gibt die Öllersche Auffassung ganz abgesehen von allen ihr widersprechenden bekannten epidemiologischen, ätiologischen und spezifisch-symptomatisch klinischen Tatsachen schon deswegen nicht, weil alle Formen des wolhynischen Fiebers auch bei Ungeimpften (z. B. in der polnischen Zivilbevölkerung) vorkommen, das wolhynische Fieber zudem auch schon zu einer Zeit in der Armee beobachtet wurde (Winter 1914/15) als die Typhusimpfung noch nicht durchgeführt war.

mit den typischen Druckpunkten nachweisbar werden. Gelegentliche neutrophile Leukozytose spricht im gleichen Sinne. — Vollkommen klar liegt der Fall dann, wenn ohne äußere Veranlassung oder nach einer besonderen körperlichen Anstrengung, die man als Provokation eventuell absichtlich zu Hilfe nehmen kann, ein echter Fieberanfall mit erheblichen und charakteristischen Krankheitserscheinungen auftritt. Ebenso wie man bei Berücksichtigung der objektiven Symptome eine ungerechte Beurteilung der Beschwerden der Kranken wird vermeiden können, muß man aber auch dem Irrtum entgehen, sich durch absichtlich falsche Angaben der Kranken täuschen zu lassen. Das Symptom der Beinschmerzen als Charakteristikum des wolhynischen Fiebers ist stellenweise so bekannt gewesen, daß man häufiger darüber klagen hörte, als es in der Tat vorhanden war. Die Angaben verdienen im allgemeinen nur dann Beachtung, wenn gleichzeitig auch die umschriebene Druckschmerzhaftigkeit an der typischen Stelle der Tibia und symmetrische Schmerzpunkte in anderen Muskelgruppen bestehen.

Von selteneren Erkrankungen, deren Unterscheidung vom wolhynischen Fieber in Frage kommen könnte, sind hier noch die von Much und Uffenrode beschriebenen Proteusinfektionen und die von Schittenhelm und Schlecht und Ludwig als Pseudogrippe bezeichneten Krankheitsfälle zu erwähnen.

Auch bei den Proteusinfektionen wurde ein allerdings in längeren Intervallen, rezidivierendes Fieber beobachtet. Es finden sich im Beginn Schmerzen in den verschiedensten Körpergebieten, besonders auch in den Beinen, lange Zeit hindurch ist das vasomotorische Nervensystem in Mitleidenschaft gezogen, eine unangenehme Schwäche und psychische Depression bleibt lange Zeit zurück. Abgesehen vom Fieberverlauf, der nur ausnahmsweise auch einmal beim wolhynischen Fieber entsprechend gestaltet sein könnte, wird die Differentialdiagnose gesichert durch die bei den Proteusinfektionen regelmäßig beobachtete schmerzhafte Erkrankung der Niere, Harnleiter und Blase. Der Urin enthält z. T. massenhaft granulierte Zylinder, neben Spuren von Eiweiß, Epithelien, Leukozyten und Schleim. Die Unterscheidung ermöglicht außerdem der Nachweis des Erregers, der relativ leicht aus dem Urin zu züchten ist. Die Krankheit kommt anscheinend nur im Sumpfgebiet vor und wird wahrscheinlich durch eine besondere, noch unbekannte Art von Insekten übertragen. Läuse spielen jedenfalls bei ihrer Verbreitung keine Rolle.

Auch die sogenannte Pseudogrippe scheint eine ausschließlich in sumpfigen Geländen vorkommende Erkrankung zu sein und ist schon dadurch vom wolhynischen Fieber zu unterscheiden. Ihr Fieberverlauf, der nach einem mehrtägigen remittierenden hohen Anfangsfieber und einem 2—3 oder 5—7 tägen fieberfreien Intervall, ein kurzes Rezidiv aufweist, könnte zu Verwechslungen mit der typhoiden Verlaufsform des wolhynischen Fiebers Veranlassung geben. Wenn auch noch andere Symptome, z. B. der Milztumor, flüchtige Exantheme, Neuralgien und Neuritiden bei beiden Krankheiten vorkommen, so fehlen doch bei der Pseudogruppe stets die charakteristischen Beinschmerzen, der Verlauf ist viel kürzer und gutartiger. Die Krankheit bleibt auf die Sommermonate und engbegrenzte Epidemien beschränkt und wird nicht durch Läuse übertragen.

Prognose und Immunität.

Die Prognose des wolhynischen Fiebers ist nach allen bisherigen Erfahrungen durchaus günstig. Tödlicher Ausgang kommt niemals vor und es ist auch bisher nicht bekannt geworden, daß in einem Falle bleibende Schädigungen durch die Erkrankung entstanden sind. Ihre Dauer ist in keinem Falle genau vorauszusagen. Im allgemeinen kann höchstens aus der Summe unserer eigenen Erfahrungen geschlossen werden, das ein anfänglich schwerer Verlauf eher zur Heilung führt, als ein milder. Die paroxysmale Verlaufsform ist entschieden die gutartigste, die Schmerzen halten sich in geringen Grenzen und das Intervall bringt immer wieder eine Erholung. Viel stärker werden die Kranken durch die langdauernden typhoiden Fieberbewegungen mitgenommen, obwohl vielfach während der Fiebertage selbst eine auffallende Euphorie besteht, soweit nicht Schmerzen die Stimmung trüben. — Bei den rudimentären Formen ist der Verlauf oft am langwierigsten. Obwohl die krankhaften Störungen nicht sehr hochgradig sind, wirkt doch die Mannigfaltigkeit der Beschwerden sehr erheblich auf den Gesamtzustand ein. Bezüglich der Komplikationen ist eine Voraussage ganz unmöglich. Leichte Fälle können im weiteren Verlauf schwere und sehr langwierige Folgeerscheinungen seitens des Herzens, des Magen-Darmkanals und der peripheren Nerven aufweisen, ebenso wie diese bei schweren gänzlich fehlen können. Vollkräftige, nervengesunde Leute überstehen jedoch im allgemeinen die Erkrankung leichter als schwächliche, neuropathisch veranlagte.

Besonders gefährdet werden latent Tuberkulöse; wir sahen in 5 Fällen eine akute Progression einer früher lange ruhenden Tuberkulose im unmittelbaren Anschluß an das wolhynische Fieber eintreten. Interkurrente, akut fieberhafte Erkrankungen laufen gänzlich unbeeinflußt ab; bei zwei Fällen von Pneumonie schien sogar das wolhynische Fieber abgekürzt zu sein.

Ob die Erkrankung eine Immunität hinterläßt, wieweit die Schwere der durchgemachten Infektion die Dauer der Immunität beeinflußt, wieweit individuelle Eigentümlichkeiten dabei eine Rolle spielen, ist noch nicht erwiesen. Wir selbst haben in 5 Fällen 3—4 Wochen nach dem Verschwinden aller Krankheitszeichen eine Neuinfektion durch Ansetzen infizierter Läuse zu erzielen versucht.

Krankheitserscheinungen traten aber in keinem Falle mehr auf. — Werner erkrankte ein halbes Jahr nach der ersten Infektion ein zweites Mal. Die Immunität scheint sich hier also relativ rasch erschöpft zu haben, es ist aber fraglich, ob man die Erfahrung dieses Einzelfalles verallgemeinern darf. Bei der häufigen Infektionsgelegenheit müßte man allmählich in größerer Zahl wiederholte Erkrankungen zu sehen bekommen. Davon ist jedoch bis jetzt nichts bekannt geworden.

Therapie.

Die Behandlung des wolhynischen Fiebers ist trotz vieler darauf verwendeter Mühe auch heute noch eine sehr undankbare Aufgabe, da ein spezifisches wirkendes Heilmittel nicht gefunden ist. Die therapeutischen Maßnahmen haben zunächst der Behandlung des Fieberanfalles zu gelten. Auch hier hat man den bei der Behandlung anderer Infektionskrankheiten schon so oft vergebens beschrittenen Weg wieder eingeschlagen, das Fieber künstlich zu unterdrücken, ohne daß man sich die Frage vorlegte, welche Ursache und Bedeutung der Fieberreaktion des Organismus zukommt. So wurden allenthalben die gebräuchlichsten Antipyretica (Aspirin, Natr. salyc. Antipyrin, Pyramidon und Chinin) oft in hohen Dosen und längere Zeit hindurch angewandt. Es gelingt aber weder beim einfachen Fieberparoxysmus noch bei den längeren Fieberperioden der typhoiden Verlaufsform hierdurch die Temperatur in nennenswerter Weise zu drücken. Die Unbeeinflußbarkeit der Temperaturkurve durch Antipyretica ist unserer Erfahrung nach sogar geradezu charakteristisch für das wolhynische Fieber und ein differential-diagnostisches Mittel zwecks Unterscheidung von anderen Krankheiten (Typhus und Tuberkulose), deren Fieberverlauf gelegentlich zu Verwechslungen Anlaß geben könnte. — Eine Chininkur, die eine gleichzeitig bestehende Malaria prompt zur Heilung bringt, läßt das wolhynische Fieber gänzlich unbeeinflußt. Wenn von anderer Seite über günstige Erfahrungen bei der Anwendung des Chinins berichtet worden ist, so ist sicherlich der wechselvolle Verlauf der Erkrankung nicht genügend in Rechnung gezogen worden, da auch spontan nach anfänglich in regelmäßigen Intervallen folgenden Paroxysmen lange Zeit hindurch ein gänzlich fieberfreier Verlauf folgen kann. Oft genug konnten wir uns davon überzeugen, daß in Fällen, die anderweitig angeblich mit gutem Erfolg mit Chinin behandelt waren, schließlich der Gang der Erkrankung doch in keiner Weise beeinflußt wurde.

Trotzdem aber den Antipyreticis ein wesentlicher Einfluß nicht zukommt, wird man doch auf ihre Anwendung nicht verzichten, um wenigstens die subjektiven Beschwerden, die während der Fieberzeit gewöhnlich am größten sind, zu mildern. Die Wirkung von Aspirin und Antipyrin ist nur eine schwache. Weit angenehmer werden wiederholte Gaben von Pyramidon empfunden. Die Kopf- und Kreuzschmerzen und auch die besonders quälenden Beinschmerzen werden dadurch für kurze Zeit sehr wesentlich gemildert; in schweren Fällen versagt allerdings die Wirkung. Zwecklos ist die Anwendung bei den durch die Schwellung der Leber und Milz hervorgerufenen Schmerzen im Oberbauch.

In solchen Fällen ist man einzig und allein auf die Narkotika angewiesen, und in der Regel sind größere Dosen von Morphium (0,02 – 0,03 subkutan) erforderlich, um den Kranken Ruhe zu verschaffen.

Um die für die Krankheit charakteristische Schlaflosigkeit während der Fieberperioden zu bekämpfen, sind Sedativa und Hypnotica in den meisten Fällen ganz wirkungslos. Wir haben daher auch aus diesem Grunde zumal im Beginn der Erkrankung von der Anwendung des Morphiums immer häufiger Gebrauch gemacht, um die Kranken besser über die unangenehme Zeit der Erkrankung hinweg zu bringen.

Die späteren Anfälle verlaufen in der Regel leichter, so daß man während der folgenden Fieberperioden das Morphium meistens entbehren kann. Zur Herbeiführung des Schlafes kommt man mit Veronal in Dosen von 0,3 – 0,6, zweckmäßig kombiniert mit 0.5 Phenazetin oder Pyramidon fast immer aus. Während der anfallfreien Zeit ist bei der paroxysmalen Form das Allgemeinbefinden im Beginn der Erkrankung meist so wenig gestört, daß die Kranken selbst sich für vollkommen gesund halten uud gar nicht nach ärztlicher Behandlung verlangen. In solchen Fällen ist es auch unnötig während der Intervalle Bettruhe einhalten zu lassen, nur soll man in Erwartung späterer Fieberschübe für gute Pflege und Ruhe Sorge tragen.

Sind die Kranken dagegen nach einem längeren schweren Initialfieber oder nach langem hochseptischen Fieberverlauf in ihrem Kräfte- und Ernährungszustand stark heruntergekommen und infolge der überstandenen und noch vorhandenen Schmerzen nervös stark reizbar oder nach einer größeren Zahl von Fieberparoxysmen ebenso wie bei dem durch Wochen sich hinschleppenden rudimentären Verlauf in gedrückter Stimmung, so ist der psychischen Behandlung die Hauptaufmerksamkeit zuzuwenden. Man muß* versuchen, sie durch Zuspruch und schonende Beschäftigung abzulenken, man muß auf ihre körperlichen Klagen eingehen und auch ihre leichten Beschwerden therapeutisch zu lindern versuchen. Kalte Abwaschungen morgens und abends, häufige indifferente Bäder und schonende Massage werden meist angenehm empfunden. Alle diese Prozeduren haben nebenbei den Vorteil, die Kranken zeitlich in Anspruch zu nehmen und ihnen die quälende Langweile während des vielwöchigen Lazarettaufenthaltes etwas zu vertreiben. Sichtlich günstig wirkt es auch auf die Stimmung ein, wenn sie nach langem Krankenlager jetzt zeitweise das Bett verlassen dürfen, obwohl noch geringe Temperatursteigerungen bestehen. Wir haben sehr häufig gesehen, daß ein Teil der subjektiven Beschwerden, die ziehenden Schmerzen in den Gliedern, die Appetitlosigkeit und Schlaflosigkeit, sich wesentlich besserten, ohne daß sich infolge der stärkeren körperlichen Inanspruchnahme irgendwelche schädlichen Folgen gezeigt hätten. Die medikamentöse Behandlung tritt in diesem Stadium der Erkrankung ganz in den Hintergrund. Antineuralgica sind auch jetzt nutzlos, ebenso Jodpräparate, in welcher Form sie auch gegeben werden.

Von mehreren Seiten ist auf den Nutzen des Arsens hingewiesen worden, wir selbst haben es in sehr vielen Fällen in Form der Fowlerschen Lösung oder subkutan als Natr. arsenicos. oder Solarson gegeben, ohne daß wir danach irgendwelche günstige Wendung beobachteten. Die im Laufe der Erkrankung eintretende Anämie ist niemals erheblich, sie schwindet bei reichlicher, zweckmäßig ausgewählter Kost gewöhnlich von selbst sehr rasch, so daß aus diesem Grunde Arsen oder Eisenpräparate anzuwenden sich erübrigt. In vielen Fällen ist ihr Gebrauch sogar direkt zu widerraten. Jod und Arsen erzeugen, per os gegeben, sehr häufig bei den in den sekretorischen Funktionen ihres Magen- und Darms an sich schon sehr labilen Kranken unangenehme Störungen, Völlegefühl und Appetitlosigkeit, so daß das Aussetzen der Medikation oft direkt als Erleichterung empfunden wird.

Die bei der Erkrankung auftretenden Komplikationen erfordern in der Regel eine spezielle Behandlung nicht. Eine anfängliche Nierenreizung geht, auch wenn zunächst starke Eiweißausscheidung vorhanden ist, sehr rasch zurück; Störungen des Wasser- und Stickstoffhaushaltes sind damit nicht verbunden. Die während der Fiebertage zu gebende reizlose Nahrung wird man zweckmäßigerweise bis zur Rückkehr normaler Harnbefunde beibehalten. Eingreifende Änderungen in der Kost im Sinne einer strengen Nephritisdiät sind aber durchaus unnötig.

Die während des Fiebers in einigen Fällen vorkommenden Durchfälle erfordern lediglich einige diätetische Beschränkungen, medikamentöse Behandlung (Opium, Tannalbin) ist kaum erforderlich.

Beachtung finden müssen nur die während der Erkrankung und in der Rekonvaleszenz auftretenden Herzstörungen. Da Insuffizienzerscheinungen stets fehlen, das Leiden überhaupt nicht organischer Natur ist, so ist von Digitalispräparaten grundsätzlich kein Gebrauch zu machen. Tachykardien und Extrasystolien werden, besonders wenn sie von erheblichen Beschwerden begleitet sind, am besten durch länger dauernde Bettruhe beeinflußt. Kalte Kompressen auf die Herzgegend, Sedativa (Brom, Valeriana), indifferente Bäder werden ferner mit gutem Nutzen angewandt. Körperliche Anstrengungen sind auch nach dem Rückgang der Beschwerden, wenn man Rückfällen vorbeugen will, noch längere Zeit hindurch zu vermeiden.

Im ganzen betrachtet ist jedoch das Ergebnis dieser symptomatischen Behandlung sehr wenig erfreulich. Wir haben in keiner Weise die Möglichkeit, die häufig so heftigen Schmerzen nachhaltig zu bekämpfen, neue Rückfälle zu verhüten und so den langwierigen Verlauf der Erkrankung abzukürzen.

Derartige Erfolge wären nur von einer s p e z i f i s c h e n , g e g e n d i e K r a n k h e i t s u r s a c h e g e r i c h t e t e n T h e r a p i e zu erwarten.

Die äußerliche Ähnlichkeit des Temperaturverlaufs mit der Malaria und der Rekurrens veranlaßte zunächst, die hier bewährte Chinin- und Salvarsantherapie auch beim wolhynischen Fieber zu versuchen. Daß das Chinin den Temperaturverlauf unverändert läßt, wurde schon erwähnt. Ebenso unwirksam erweist es sich zur Vernichtung des Krankheitserregers selbst. Es gelingt nicht, durch die Chinintherapie neue Fieberanfälle zu verhüten und die Krankheit abzukürzen oder milder zu gestalten. Das gleiche gilt von der Salvarsanbehandlung, deren Anwendung auf die längst als unrichtig erwiesene Vorstellung zurückgeht, daß es sich beim wolhynischen Fieber um eine der Rekurrens verwandte Spirillose handelt. Günstige Wirkungen des Salvarsans, über die gelegentlich berichtet worden ist, sind nur Scheinerfolge, die sich bei einer Nachprüfung an einem großen lange beobachteten Material nicht bestätigen ließen. Bei längerer Beobachtungszeit treten neue Fieberperioden auf und man vermag bei dem variablen Krankheitsverlauf niemals zu sagen, ob nicht auch spontan der eine oder der andere Fieberparoxysmus ausgefallen wäre [1]. Obwohl wir selbst nachteilige Folgen der Salvarsanbehandlung nicht beobachtet haben, möchten wir bei der Nutzlosigkeit ihrer Anwendung doch davor warnen, bei einer Krankheit, die die parenchymatösen Organe und das Nervensystem so sehr in Mitleidenschaft zieht, sie überhaupt noch zu versuchen.

Als unwirksam erwiesen haben sich uns ferner auch andere bisher angewandte chemotherapeutische Mittel, z. B. die kolloidalen Kupfer- und Silberpräparate, von denen man sich ähnlich wie bei den septisch-bakteriellen Erkrankungen eine Abtötung oder Ausfällung der Erreger innerhalb der Blutbahn versprach. In zahlreichen Fällen versuchten wir das Lekutyl, Kollargol, Elektragol und Fulmargin. Nach intravenöser Verabreichung kommt es zunächst zu einer mehr oder weniger stürmischen Allgemeinreaktion, zu Schüttelfrost, hohem

---

[1] Aus dem gleichen Grunde stehe ich auch den günstigen Erfahrungen, die S c h n e y e r mit der Methylenblaubehandlung gemacht hat, sehr skeptisch gegenüber; es handelt sich nur um sehr wenige Fälle, die zudem alle nicht genügend lange beobachtet werden konnten.

Fieber und starker Leukozytose ; danach tritt gewöhnlich eine brüske Temperatursenkung ein, während der die sonst vorhandenen Krankheitserscheinungen weniger empfunden werden. In einigen Fällen schien es sogar, als ob die günstige Wirkung noch längere Zeit anhielt. Der weitere Krankheitsverlauf blieb jedoch unbeeinflußt.

Daß die Wirkung nicht als spezifisch anzusehen ist, geht schon daraus hervor, daß man die gleiche Reaktion und den gleichen Erfolg z. B. auch durch Injektion von Typhusvakzine oder von Alt-Tuberkulin erzielen kann. Die selben Folgen beobachteten wir auch wiederholt nach einer zufällig hinzukommenden akuten Erkrankung mit starker leukozytärer Reaktion z. B. der Pneumonie. Wir sind der Ansicht, daß es sich in allen diesen Fällen um eine, auch bei anderen Infektionskrankheiten z. B. beim Typhus gelegentlich günstig wirkende Umstimmung des Organismus handelt, die seine immunisatorischen Kräfte aufpeitscht, wodurch die spezielle Krankheitsursache höchstens indirekt beeinflußt wird.

Die Erfolglosigkeit der Bemühungen auf dem bisher begangenen Wege zu einer spezifischen Therapie der Krankheit zu gelangen, wird jedoch verständlich, wenn wir die Entstehung der Krankheitserscheinungen und die Biologie des Erregers berücksichtigen. — Wir wissen, daß der Erreger zunächst nur während der Fieberzeiten im Blut kreist und wir nehmen an, daß er während des Intervalles als Parasit bestimmter Zellarten sich im Innern der ihn beherbergenden Organe entwickelt uud vermehrt. Gelänge es wirklich, durch chemische Mittel den Erreger im Augenblick seiner Ausschwemmung in die Blutbahn zu vernichten, so wäre doch kaum anzunehmen, daß er gleichzeitig auch in seinen Schlupfwinkeln innerhalb der von ihm befallenen Zellen vernichtet würde. Die infolge seiner Ansiedlung in bestimmten Organen ausgelösten Krankheitserscheinungen blieben also unbeeinflußt. Tatsächlich sind die chemotherapeutischen Erfolge auch bei anderen, mit dem wolhynischen Fieber verwandten Erkrankungen, der Variola, dem Fleckfieber und anderen exanthematischen Krankheiten, bisher keineswegs ermutigend.

Mehr Erfolg versprechen dürfte vielmehr der Versuch einer Immunotherapie der Krankheit. Auch die natürliche Heilung muß auf der Ausbildung einer Immunität beruhen. Der Körper wird, wie wir gezeigt haben, einerseits unempfindlich gegenüber den bei der Ausschwemmung der Erreger in die Blutbahn gebildeten paroxysmalen Toxinen, andererseits müssen aber auch die durch seine Anwesenheit in den Zellen und Organen ausgelösten Giftwirkungen paralysiert werden.

Neben der Seroimmunität muß also auch die Ausbildung einer spezifischen Histoimmunität bei der Heilung unserer Krankheit eine große Rolle spielen.

Eine passive Serumtherapie wie sie Rogge und Brill mit Auto-serum versuchten, das sie im Intervall entnahmen und vor dem erwarteten Anfall injizierten, könnte daher bestenfalls nur einen Teilerfolg versprechen. Auch bei keiner anderen hierher gehörigen Erkrankung ist es bisher gelungen, rein passiv dem Zellparasitismus, wenn der Erreger einmal verankert ist, zu begegnen oder seine für den Organismus schädlichen Folgen zu beseitigen.

Es steht uns hier nur das Verfahren der aktiven Immuni-sierung durch Vakzination zur Verfügung, wie es sich bei der Variola und Lyssa so glänzend bewährt hat. Dieses hat aber zur Voraussetzung, daß wir die Zellart, in der der Erreger parasitiert, kennen, oder daß es gelingt, den Erreger selbst auch außerhalb des Menschen oder der Laus in größeren Mengen zu isolieren und ihn in einer Weise abzu-schwächen, daß seine Einverleibung zwar noch die charakteristischen Immunitätsvorgänge auslöst, aber nicht mehr die Krankheit selbst erzeugt.

Die Entdeckung der kultivierbaren Schaflausrickettsien schien anfangs derartige Perspektiven zu eröffnen. Bei der praktischen Durchführung entsprechender Versuche stieß ich aber bisher auf un-überwindliche Schwierigkeiten. Es gelang nicht, die Schaflausrickettsien zu genügend üppigem Wachstum zu bringen, um ein Antigen her-zustellen und dessen Beziehungen zu dem Immunserum eines Wolhynikers zu prüfen. Da sich die Schaflausrickettsien im Tier-versuch als gänzlich apathogen erwiesen, muß es auch zweifelhaft erscheinen, ob die durch Injektion von Schaflausrickettsien im Tier-körper etwa erhältlichen Antistoffe überhaupt eine spezifische Ver-wandtschaft zu den Immunkörpern des Wolhynikers aufweisen und für therapeutische Versuche verwendbar sind.

Es wird daher auch zur Lösung der auf therapeutischem Ge-biete liegenden Fragen jeder weitere Fortschritt davon abhängen, daß es gelingt, den Erreger der Krankheit selbst künstlich zu züchten.

Literatur.

Apolant, E., Zur Frage der Febris wolhynica (His). Deutsch. med. Wochenschr.
1916. S. 1518.
-- Influenza mit Rückfällen. Deutsch. med. Wochenschr. 1904. Nr. 46.
Arneth, Über periodisches Fieber im Felde. Zeitschr. f. klin. Medizin 84.
1917. S. 209.
Becher, Erwin, Über unklare fieberhafte Erkrankungen. Münch. med. Wochen-
schrift 1916. S. 1708.
Behn, Trypanosomen beim Schafe. Berl. tierärztl. Wochenschr. 1911. S. 768.
— Weitere Trypanosomenbefunde beim Schafe. Berl. tierärztl. Wochenschr. 1912.
S. 934.
Benzler, J., Weitere Blutuntersuchungen beim sogen. Fünftagefieber. Münch.
med. Wochenschr. 1916. Nr. 35. S. 887.
Bittorf, Reinfektion oder Rezidiv bei Fünftagefieber. Münch. med. Wochenschr.
1917. S. 1185.
Brasch, W., Zur Kenntnis des „wolhynischen Fiebers" (Fünftagefiebers). Münch.
med. Wochenschr. 1916. S. 841.
Brückner, G., Atypisches Fünftagefieber (Febris wolhynica). Deutsch. med.
Wochenschr. 1917. S. 1199.
Buchbinder, Einige Beobachtungen über das wolhynische Fieber. Wien. klin.
Wochenschr. 1917. S. 1618.
— Beitrag zur Symptomatologie des wolhynischen Fiebers. Wien. klin. Wochen-
schrift 1917. S. 373.
Cassirer, R., Fünftagefieber und Neuritis. Deutsch med. Wochenschr. 1918.
S. 233.
Crea Mac, Ref. med. Klin. 1917. Nr. 44.
Dehio, Karl, Beiträge zur Pathologie der im Ufergebiete der unteren Donau
herrschenden Malariafieber. Deutsches Archiv f. klin. Medizin. 1878. S. 550.
Deyke, Zwei Fälle einer unbekannten Art von Wechselfieber. Münch. med.
Wochenschr. 1916. S. 508.
Enderle, Das wolhynische Fieber (His-Wernersche Krankheit. Ein Beitrag
zur Klärung. Med. Klinik. 1917. S. 1246.
Fischer, J., Herzstörungen bei wolhynischem Fieber. Münch. med. Wochenschr.
1918. S. 73.
Fleck, Über Febris quintana und Schienbeinkrankkeiten ohne Fieber. Münch.
med. Wochenschr. 1917. S. 1087.
Franz, Carl, Über eine eigenartige Form von Ostitis bei Kriegsteilnehmern.
Deutsch. med. Wochenschr. 1916. S. 1091.
Frese, O., Über im Westen beobachtetes sogen. Fünftagefieber. Deutsch. med.
Wochenschr. 1916. S. 1247.
Galambos und Rocek, Febris wolhynica am südwestlichen Kriegsschauplatz.
Berlin. klin. Wochenschr. 1916. S. 1236.
Goldscheider, Zur Symptomatologie des Fünftagefiebers. Deutsch. med.
Wochenschr. 1917. S. 737.
-- Über die Struktur des Fiebers beim Fünftagefieber. Berl. klin. Wochenschr.
1917. S. 789.

Goldscheider, Typhoid und Schutzimpfung (mitigiertes Typhoid). Deutsche militärärztl. Zeitschr. 1918. S. 13.

Gräfenberg, E., Ein Fünftagefieber unter dem Bilde der akuten Appentizitis. Deutsch. med. Wochenschr. 1918. S. 659.

Grätzer, Über eine Erkrankung des Schützengrabens. Wiener klin. Wochenschr. 1916. S. 295.

Groth, Ostitis infectiosa bei Kriegsteilnehmern. Deutsch. med. Wochenschr. 1916. S. 109.

Hanser, R., Zur Ätiologie des Fleckfiebers. Deutsch. med. Wochenschr. 1916. S. 1254.

Härpfer, Stabsarzt, Bakteriol. Untersuchungen bei Fünftagefieber. Med. Klinik. 1918. S. 568.

Hasenbalg, Über die sogen. Febris wolhynica. Münch. med. Wochenschr. 1916. S. 843.

Hildebrand, Das Wesen des Fünftagefiebers. Münch. med. Wochenschr. 1917. S. 595.

His, Über eine neue periodische Fiebererkrankung (Febris wolhynica). Berl. klin. Wochenschr. 1916. S. 738.

Hunt u. Rankin, Trench fever. Lancet 1915. Nov. 20.

Jahn, Fr., Über wolhynisches Fieber. Deutsch. med. Wochenschr. 1916. S. 1249.

Joachim, Julius, Über Schmerzen in den Beinen, bes. im Unterschenkel bei im Felde stehenden Soldaten. Wien. klin. Wochenschr. 1916. S. 458.

Jungmann, Zur Ätiologie der Febris Wolhynica. Berl. klin. Wochenschr. 1917. S. 323.

— Klinik und Ätiologie des wolhynischen Fiebers. Berl. klin. Wochenschr. 1917. S. 147.

— u. Kuczynski, Zur Klinik und Ätiologie der Febris wolhynica. (His-Wernersche Krankheit). Deutsch. med. Wochenschr. 1917. S. 359.

— u. Kuczynski, Zur Ätiologie und Pathogenese des wolhynischen Fiebers und des Fleckfiebers. Zeitschr. f. klin. Medizin 85. 1917. S. 251.

— — Behandlung des wolhynischen Fiebers. Therap. Monatsh. 1917.

Kayser, Curt, Zur Pathologie und Therapie des Fünftagefiebers. Berl. klin. Wochenschr. 1917. S. 1107.

Knack, Fünftagefieber in Hamburg. Deutsch. med. Wochenschr. 1918. S. 535.

Koch, Jos., Die Beziehungen des Rückfallfiebers zur Febris quintana s. wolhynica. Deutsch. med. Wochenschr. 1917. Nr. 45.

Kolb, R., Temperatursteigerungen ohne subjektive und objektive Symptome. Deutsch. med. Wochenschr. 1917. S. 882.

— Febris wolhynica (His). Deutsch. med. Wochenschr. 1917. S. 303.

Korbsch, R., Über eine neue, dem Rückfallfieber ähnliche Kriegskrankheit. Deutsch. med. Wochenschr. 1916. S. 343.

— Zur Kenntnis der Febris wolhynica. Deutsch. med. Wochenschr. 1916. S. 1217.

Kraus und Citron, Über eine eigenartige Form von Ostitis bei Kriegsteilnehmern. Deutsch. med. Wochenschr. 1916. S. 841.

Linden, Über Fünftagefieber. Berl. klin. Wochenschr. 1916. S. 1191.

— Ein Fünftagefieberherd in einer Panjefamilie. Berl. klin. Wochenschr. 1918. S. 425.

Lipschütz, B., Filtrierbare Infektionserreger. Kolle-Wassermann Bd. VIII. S. 365.

Ludwig, Ein Beitrag zum Symptomenkomplex der Febris quintana. Münch. med. Wochenschr. 1917. S. 1286.

— Febris palustris remittens. Münch. med. Wochenschr. 1917. S. 969.

Mayer, Arthur, Typhus oder Fünftagefieber. Ein Beitrag zur Statistik der Typhusschutzimpfung. Deutsch. med. Wochenschr. 1917. S. 1197.

Mayer. M., Ref. Arch. f. Schiffs- u. Tropenhygiene. Bd. 20. 1916. S. 530.

Meyer, F. u. A. Meyer, Zur Klinik und Diagnose periodisch fiebernder Typhusfälle. Deutsche med. Wochenschr. 1918. S. 1239.

Moltrecht, Beiträge zur Kenntnis des Fünftagefiebers. Münch. med. Wochenschrift. 1916. S. 1097.

Mosler, Das wolhynische Fieber. Berl. klin. Wochenschr. 1917. S. 1008.

Mühlens, Rückfallfieber-Spirochäten. Kolle-Wassermann. Bd. VII.

Müller, J., Zur Klinik und Ätiologie einer neuen Infektionskrankheit (Fünftagekrankheit, wolhynisches Fieber). Münch. med. Wochenschr. 1916. S. 1300.

Munk, F, Bedeutung und Behandlung der Blasenleiden im Kriege. Deutsch. med. Wochenschr. 1917. S. 485.

— u. H. da Rocha-Lima, Klinik und Ätiologie des sogen. „wolhynischen Fiebers." (Werner-Hissche Krankheit). Münch. med. Wochenschr. 1917. S. 1422.

McNee, Renchaw u. Brunt, Trench fever. Brit. med. Journ. 1916. S. 225.

Nöller, Neue Züchtungsergebnisse bei Blut- und Insektenparasiten. Berl. klin. Wochenschr. 1917. S. 346.

Öller, Hans, Zur Lehre vom periodischen Fieber. Die Rhythmik der Fieberbewegung beim Typhus Anaphylatoxin- und Endotoxin-Erkrankung des Typhus der Geimpften und Ungeimpften. Deutsch. Archiv f. klin. Med. 1918. Bd. 127. S. 368.

Otto u. Dietrich, Beiträge zur Rickettsienfrage. Deutsch. med. Wochenschr. 1917. S. 577.

Oppenheim, E. A., Über Erkältungskrankheiten im Felde, insbesondere das sogen. Fünftagefieber. Med. Klin. 1917. S. 154.

Pagenstecher, Alex, Zur Frage des wolhynischen Fiebers. Deutsch. med. Wochenschr. 1918. S. 235.

Pappenheimer, Kermilye u. Mueller, Ätiologie des Schützengrabenfiebers. Brit. med. Journ. 1917. 13. X.

Paetzold, Beiträge zur Kenntnis des wolhniyschen Fiebers. Jnaug.-Diss. Berlin 1917.

Pollitzer, Einiges aus der französ. Kriegsliteratur. Feldärztl. Blätter der II. K. u. K. Armee. 1917. Nr. 29/30.

Pritzi, Über Schmerzen in den Beinen, bes. im Unterschenkel, bei im Felde stehenden Soldaten. Wien. klin. Wochenschr. 1916. S. 294.

Queckenstedt, Über leichteste Typhuserkrankungen, insbesonder Periostitis typhosa bei Geimpften. Zeitschr. f. klin. Medizin 83. 1916. S. 381.

Reitler u. Kolischer, Kryptogenetische Fieberzustände. Wien. klin. Wochenschrift. 1915. Nr. 15.

— Über eine Protozoenpyelitis. Zeitschr. f. klin. Medizin 84. 1917. S. 64.

Richter, Erich, Zur Kenntnis des wolhynischen Fiebers. Berl. klin. Wochenschrift. 1917. S. 526.

— Behandlung des wolhynischen Fiebers. Ther. d. Gegenwart. 1917. H. 3.

Riemer, Beitrag zur Frage des Erregers des Fünftagefiebers. Münch. med. Wochenschr. 1917. S. 92.

Rogge, H. u. E. Brill, Autoserumbehandlung beim Fünftagefieber. Münch. med. Wochenschr. 1918. S. 1321.

H. da Rocha-Lima, Beobachtungen bei Flecktyphusläusen. Arch. f. Schiffs- u. Tropenhygien. Bd. 20. 1916. Nr. 2.

— Zur Ätiologie des Fleckfiebers. Berl. klin. Wochenschr. 1916. S. 567.

— Zum Nachweis der Rickettsia Prowazeki bei Fleckfieberkranken. Münch. med. Wochenschr. 1917. S. 33.

Roos, E., Erfahrungen bei fieberhaften Kriegs-Krankheiten, bes. beim Fünftage (wolhynischen) Fieber. Med. Klin. 1917. S. 983.

Rumpel, Th., Über periodische Fieberanfälle bei Kriegern aus dem Osten. Deutsch. med. Wochenschr. 1916. S. 657.

Sachs, F., Beiträge zur Kenntnis des „Fünftagefiebers" (Febris wolhynica). Münch. med. Wochenschr. 1916. S. 1635.

Schilling-Torgau, Victor, Über die diagnostische Verwertung des Blutbildes bei Flecktyphus und Pappatacifieber. Münch. med Wochenschr. 1917. S. 724.

Schilling, Claus, Immunität bei Protozoeninfektionen. Kolle-Wassermann.

— Periodische Fieber. Deutsch. med. Wochenschr. 1918. Nr. 2.

Schittenhelm und Schlecht, Über eine grippeartige Infektionskrankheit (Pseudogrippe). Münch. med. Wochenschr. 1918. S. 61.

— — Über das sogen. wolhynische oder Fünftagefieber und eine Gruppe ungeklärter Fieber. Deutsch. med. Wochenschr. 1917. S. 1285.

Schmidt, Ad., Zur Pathologie und Therapie des Muskelrheumatismus (Myalgie). Münch. med. Wochenschr. 1916. S. 593.

— Franz Jos, Blutbefunde bei Fünftagefieberkranken. Deutsch. med. Wochenschrift 1917. S. 682.

Schminke, Alexander, Histopathologischer Befund in Roseolen der Haut bei wolhynischem Fieber. Münch. med. Wochenschr. 1917. S. 961.

Schneyer, Methylenblaubehandlung bei wolhynischem Fieber. Münch. med. Wochenschr. 1918. Nr. 25.

Sikora, H., Beiträge zur Anatomie, Physiologie und Biologie der Kleiderlaus. Beihefte zum Arch. f. Schiffs- u. Tropenhygiene. Bd. 20. April 1916.

Sittmann, Zur Frage der Schienbeinschmerzen. Münch. med. Wochenschr. 1916. S. 1172.

Scheube, E., Zwei Fälle von Fünftagefieber. Münch. med. Wochenschr. 1916. S. 1712.

Schneyer, Behandlung des periodischen Fiebers (wolhynischen Fiebers) mit Methylenblau. Münch. med. Wochenschr. 1916. S. 676.

v. Schrötter, Über namentlich in den Unterschenkeln lokalisierte Schmerzen nach Beobachtungen im Frontbereich. Wien. klin. Wochenschr. 1916. S. 197.

Sobernheim, G., Spirochäten in Kolle-Wassermann, Handbuch der pathog. Mikroorg.

Stähle, Das Auftreten des Oppenheimschen Phänomens beim Fünftagefieber und das Pseudo-Oppenheim-Phänomen. Münch. med. Wochenschr. 1917. S. 1417.

Stephan, R., Kritische Beiträge zur Frage der Ostitis bei Kriegsteilnehmern. Deutsch. med. Wochenschr. 1916. S. 1473.

— Zur Klinik und Pathogenese des Paratyphus B. Infektion. Brauers Beiträge zur Klinik der Infektionskrankheiten 1917.

Stiefler, Georg u. Lehndorff, Das Ikwafieber. Med. Klinik 1916. S. 899.

v. Stransky, Bemerkungen zu den Arbeiten v. Schrötters. Wien. klin. Wochenschr. 1916. S. 262.

Stintzing, Über Febris quintana. Münch. med. Wochenschr. 1917. S. 155.

Strisower, Experimentelle und klinische Beiträge zur Febris quintana. Münch. med. Wochenschr. 1918. S. 476.

Stühmer, A., Über eine akute Erkrankung, welche mit rückfallfieberähnlichen Temperatursteigerungen, Schmerzhaftigkeit und Knochenhautödem der Schienbeine verläuft. I. Mitteilung. Münch. med. Wochenschr. 1916. S. 1172.

— Periodisches Fieber. II. Mitteilung. Münch. med. Wochenschr. 1917. S. 368.

— III. Mitteilung. Münch. med. Wochenschr. 1917. S. 368.

— Periodisches Fieber. IV. Mitteilung. Münch. med. Wochenschr. 1917. S. 1554.

Thörner, W., Zur Kenntnis des Fünftagefiebers. Münch. med. Wochenschr. 1916. S. 1775.

Töpfer u. Schüssler, Zur Ätiologie des Fleckfiebers. Deutsch. med. Wochenschrift 1916. S. 1157.

Töpfer u. Schüssler, Zur Ursache und Übertragung des wolhynischen Fiebers.
    Münch. med. Wochenschr. 1916. Nr. 42. S. 1495.
— Zur Ätiologie und Behandlung des Fleckfiebers. Deutsch. med. Wochenschr.
    1916. S. 1383.
— Der Fleckfiebererreger in der Laus. Deutsch. med. Wochenschr. 1916. S. 1251.
— Ursache und Übertragung der Kriegsnephritis. Med. Klinik 1917. S. 678.
Uffenrode und Much, Eine Kriegsepidemiologische Beobachtung. Deutsch.
    med. Wochenschr. 1916. S. 57 u. 96.
Weitz, Über zwei Fälle von Fünftagefieber. Med. Klinik. 1916. S. 608.
Werner, K., Über rekurrierendes Fieber (Rekurrens) mit Fünftageturmus, aus
    dem Osten. Münch med. Wochenschr. 1916. S. 402.
— Zur Geschichte der Febris quintana. Münch. med. Wochenschr. 1917. S. 133.
— u. Haeussler, Über Fünftagefieber, Febris quintana. Münch. med. Wochen-
    schrift. 1916. S. 1020.
— u. J. Benzler, Zur Ätiologie des Fünftagefiebers. Münch. med. Wochenschr.
    1916. S. 1369.
— — Zur Ätiologie und Klinik der Febris quintana. Münch. med. Wochenschr.
    1917. S. 695.
— Die Beziehung des Rückfallfiebers zur Febris quintana. Münch. med.
    Wochenschr. 1918. S. 324.
Woodcock, Quarterly Journ. Microscop. zit. n. Möller. Soc. Bd. 55. Anm.
    S. 713.
Wrigth, S., Einige Bemerkungen über das „Schützengrabenfieber". Brit. med.
    Journ. 1916. Nr. 2900.
Zackisch, Jnaug.-Diss. Breslau 1917.
Zollenkopf, Gg., Eine neue, dem Wechselfieber ähnliche Erkrankung. Deutsch.
    med. Wochenschr. 1917. S. 1035.

Druck der Universitätsdruckerei H. Stürtz A. G., Würzburg.

Die Malaria. Eine Einführung in ihre Klinik, Parasitologie und Bekämpfung von Obermedizinalrat Professor Dr. Bernhard Nocht, Direktor des Instituts für Schiffs- und Tropenkrankheiten, Generalarzt der Seew. II, Hamburg, und Professor Dr. Martin Mayer, Abteilungsvorsteher am Institut für Schiffs- und Tropenkrankheiten, landsturmpfl. und ord. Arzt am Res.-Laz. V, Abt. Tropeninstitut Hamburg. Mit 25 Textabbildungen und 3 lithographischen Tafeln. 1918. Preis M. 11.—.

***Die pathogenen Protozoen und die durch sie verursachten Krankheiten.** Zugleich eine Einführung in die allgemeine Protozoenkunde. Ein Lehrbuch für Mediziner und Zoologen von Professor Dr. Max Hartmann, Mitglied des Kaiser-Wilhelm-Instituts für Biologie, Berlin-Dahlem und Professor Dr. Claus Schilling, Mitglied des Instituts für Infektionskrankheiten „Robert Koch“, Berlin. Mit 337 Textabbildungen. 1917. Preis Mk. 22.—; gebunden M. 24.—.

***Bericht über die Tätigkeit der zur Erforschung der Schlafkrankheit im Jahre 1906/7 nach Ostafrika entsandten Kommission.** Erstattet von Dr. R. Koch, Wirkl. Geheimer Rat, Dr. M. Beck, Professor, Regierungsrat im Reichsgesundheitsamt, und Dr. F. Kleine, Professor und Stabsarzt, kommandiert zum Institut für Infektionskrankheiten. Mit 5 Tafeln und zahlreichen in den Text gedruckten Abbildungen. 1909. Preis M. 16.40.

***Beiträge zur Pathologie und Therapie der Syphilis.** Unter Mitwirkung von Dr. G. Bärmann-Petömbökau (Sumatra), Dr. C. Bruck-Breslau, Dr. Dohi-Tokio, Dr. Kobayashi-Sasheho (Japan), Erich Kuznitzky-Breslau, Dr. R. Pürckhauer-Dresden, Dr. L. Halberstädter-Berlin, Dr. S. von Prowazek-Hamburg, Dr. Schereschewsky-Göttingen und Dr. C. Siebert-Charlottenburg. Herausgegeben von Dr. Albert Neisser, ordentlicher Professor an der Universität Breslau, Geheimer Medizinalrat. 1911. Preis M. 22.—; gebunden M. 24.—.

***Die experimentelle Chemotherapie der Spirillosen.** (Syphilis, Rückfallfieber, Hühnerspirillose, Frambösie) von Paul Ehrlich und S. Hata. Mit Beiträgen von H. J. Nichols-New-York, J. Jversen-St.-Petersburg, Bitter-Kairo und Dreyer-Kairo. Mit 27 Textfiguren und 5 Tafeln. 1910. Preis M. 6.—, gebunden M. 7.—.

Repetitorium der Hygiene und Bakteriologie in Frage und Antwort. Von Professor Dr. W. Schürmann, Privatdozent an der Universität Halle a. S. 1918. Preis M. 4.80.

Leitfaden für die ärztliche Untersuchung. Herausgegeben von Generaloberarzt Dr. Leu, stellvertretendem Korpsarzte III. A.-K. unter Mitwirkung des Reservelazarett-Direktors Oberstabsarzt Prof. Dr Thiem † und des Stabsarztes d. R. Dr. Engelmann nebst einem Geleitworte des Geh. Hofrats Prof. Dr. Friedrich v. Müller. Mit 47 Textabbildungen und zahlreichen Mustern für Formulare, Zeugnisse und Gutachten. 1918. Gebunden Preis M. 18.—.

***Hierzu Teuerungszuschlag.**